Alexandra Duarte
Nathalie Zamora
Carlos Jacomino

A NOVA ERA DA CONSTRUÇÃO

Alexandra Duarte
Nathalie Zamora
Carlos Jacomino

A NOVA ERA DA CONSTRUÇÃO

Materiais que mudam o jogo

ScienciaScripts

Imprint

Cover image: www.ingimage.com

This book is a translation from the original published under ISBN 978-613-9-43875-4.

Publisher:
Sciencia Scripts
is a trademark of
Dodo Books Indian Ocean Ltd. and OmniScriptum S.R.L publishing group

120 High Road, East Finchley, London, N2 9ED, United Kingdom
Str. Armeneasca 28/1, office 1, Chisinau MD-2012, Republic of Moldova, Europe
Managing Directors: Ieva Konstantinova, Victoria Ursu
info@omniscriptum.com

Printed at: see last page
ISBN: 978-620-8-38804-1

Índice

Para o leitor

Bem-vindo a uma viagem ao futuro da construção, onde a inovação tecnológica e a sustentabilidade se encontram para redefinir os materiais e métodos que irão moldar as cidades de amanhã. Este livro é um guia para as tecnologias emergentes que estão a revolucionar a indústria da construção, desde o betão auto-reparável à nanotecnologia e à impressão 3D. Cada capítulo explora um aspeto fundamental destas inovações, apresentando-lhe os fundamentos, as aplicações práticas, os benefícios e os desafios que cada tecnologia enfrenta.

A organização deste livro permite-lhe aprofundar cada tecnologia de uma forma estruturada: começamos com os conceitos-chave, seguimos com exemplos aplicados e concluímos com uma análise do seu impacto potencial. Esta estrutura foi concebida para o ajudar não só a compreender os materiais, mas também a visualizar como podem ser integrados na conceção e construção de projectos sustentáveis e duradouros.

À medida que for lendo, verá que este livro está dividido em capítulos dedicados a cada tecnologia disruptiva. Começamos com o betão autocurativo, um material que, utilizando princípios da química, biologia e física, pode curar fissuras de forma autónoma, prolongando a vida das estruturas. De seguida, mergulhamos na nanotecnologia, que permite a conceção de materiais incrivelmente fortes e adaptáveis. Por fim, a impressão 3D e a metodologia BIM são apresentadas como ferramentas fundamentais para a eficiência, a personalização e a digitalização dos projectos de construção.

Ao longo da leitura, verá como estas tecnologias enfrentam não só desafios técnicos, mas também a necessidade de uma mudança de mentalidade na indústria. No final do livro, esperamos que tenha não só uma visão abrangente do estado atual destas inovações, mas também uma compreensão de como podem ser integradas em projectos futuros de uma forma eficaz e sustentável.

CAPÍTULO 1

Hormigón autorreparable

1.1 Introdução

O betão é um dos materiais de construção mais utilizados no mundo, representando aproximadamente 70% de todos os materiais de construção em termos de volume. A sua popularidade deve-se à sua resistência, durabilidade e versatilidade, tornando-o a escolha preferida para uma vasta gama de estruturas, desde edifícios residenciais a infra-estruturas críticas, como pontes e túneis. No entanto, apesar das suas muitas vantagens, a durabilidade do betão é comprometida pelo aparecimento de fissuras e danos ao longo do tempo, o que pode resultar em reparações dispendiosas e numa redução da vida útil do material.

As fissuras no betão podem ser causadas por múltiplos factores, incluindo alterações de temperatura, assentamento do solo, cargas estruturais e agressões químicas. Estas fissuras não só afectam a estética dos edifícios, como também podem permitir a infiltração de água e a corrosão das armaduras de aço, conduzindo a uma deterioração acelerada da estrutura. De acordo com um estudo da Sociedade Americana de Engenheiros Civis (2017), o custo da reparação de infra-estruturas deterioradas nos Estados Unidos é estimado em centenas de milhares de milhões de dólares por ano. Este contexto levou à procura de soluções inovadoras que possam resolver eficazmente estes problemas.

Neste sentido, o desenvolvimento do betão auto-regenerativo surgiu como uma solução promissora para mitigar os problemas relacionados com as fissuras no betão. Este tipo de betão tem a capacidade de curar automaticamente as fissuras que ocorrem, o que não só prolonga a vida útil dos edifícios, como também reduz significativamente os custos de manutenção e reparação. O betão auto-reparável representa um avanço significativo na tecnologia dos materiais de construção, combinando princípios de engenharia civil, química e biologia para criar um material mais resistente.

Este capítulo explora em profundidade os princípios subjacentes ao betão auto-reparável, os diferentes tipos existentes, as suas vantagens e aplicações, bem como os desafios que enfrenta na sua implementação. Além disso, será abordado o potencial desta inovação para transformar a indústria da construção, destacando a sua relevância no atual contexto de sustentabilidade e eficiência de recursos.

Figura 1

Foto de betão auto-reparável

Fonte: Universidade Técnica de Delft

1.2 Princípios da auto-reparação do betão

O betão auto-reparável é uma inovação na engenharia de materiais que procura melhorar a durabilidade e a sustentabilidade das estruturas de betão. Os princípios fundamentais subjacentes a esta tecnologia são detalhados abaixo, cada um deles ampliado com exemplos e considerações relevantes.

1.2.1 Química de auto-reparação

A química de auto-reparação baseia-se na capacidade do betão de reagir quimicamente com os componentes do seu ambiente para selar fissuras e fendas. Este princípio centra-se na incorporação de aditivos que facilitam reacções químicas específicas quando em contacto com a água e outros elementos.

Quando uma fissura se forma, os agentes de cura, que podem incluir silicatos e compostos de carbonato, são activados. Por exemplo, a utilização de aditivos como o silicato de sódio pode resultar na formação de um gel que preenche a fissura. Este gel não só sela a fissura, como também pode reagir com o CO_2 presente no ambiente para formar carbonato de cálcio, que reforça a estrutura original (Böngen et al., 2018). A química autorreparadora permite o desenvolvimento de betões que não só são capazes de selar fissuras, como também podem melhorar a sua resistência à compressão e à tração após o processo de cura.

Além disso, a investigação no domínio dos aditivos químicos conduziu ao desenvolvimento de betões que podem curar em diferentes condições ambientais. Por exemplo, alguns aditivos são mais eficazes em climas húmidos, onde a presença de água ativa as reacções de cura, enquanto outros podem ser concebidos para funcionar em condições mais secas. Esta abordagem personalizada à química do betão auto-regenerativo permite a sua aplicação numa variedade de ambientes, desde a construção costeira a estruturas no deserto.

A capacidade destes betões de se adaptarem a diferentes ambientes não só melhora a eficiência das reparações, como também contribui para a sustentabilidade do material. Ao reduzir a necessidade de reparações frequentes, o consumo de recursos e a produção de resíduos são reduzidos, o que é essencial no atual contexto de sustentabilidade ambiental.

1.2.2 Biologia e Microbiologia

A utilização de princípios biológicos no betão auto-reparador representa uma das inovações mais promissoras no sector da construção. Este princípio baseia-se na incorporação de microrganismos que podem ser activados em condições específicas, como a presença de água e nutrientes, para reparar os danos no betão.

As bactérias, como o Bacillus subtilis, são um exemplo notável. Estas bactérias podem sobreviver em condições adversas e são capazes de produzir carbonato de cálcio através de processos metabólicos. Quando as fissuras se formam, a água penetra no betão, activando as bactérias que começam a metabolizar os nutrientes disponíveis e a produzir carbonato de cálcio, que é depositado na fissura (Jonkers, 2011). Este processo não só sela a fissura, como também pode reforçar a estrutura de betão circundante.

A biologia aplicada ao betão auto-reparador abre novos caminhos para a sustentabilidade na construção. Por um lado, a utilização de microrganismos reduz a dependência dos métodos de reparação tradicionais, que são frequentemente dispendiosos e consomem muitos recursos. Por outro lado, esta abordagem permite um ciclo de vida mais longo para as estruturas de betão, o que é essencial num mundo em que a longevidade dos materiais é cada vez mais importante.

Além disso, a investigação neste domínio conduziu ao desenvolvimento de "betões inteligentes" que não só se reparam a si próprios, como também se adaptam às mudanças no seu ambiente. Por exemplo, estão a ser explorados métodos para modificar as bactérias de modo a responderem a diferentes estímulos ambientais, o que poderia otimizar ainda mais a sua capacidade de auto-reparação.

1.2.3 Física dos Materiais

A física dos materiais é fundamental para o desenvolvimento do betão auto-regenerativo, uma vez que se refere à forma como as propriedades físicas do betão, tais como a sua porosidade, densidade e resistência, afectam a sua capacidade de auto-regeneração. Este princípio centra-se na conceção e formulação do betão para maximizar a sua eficácia na auto-regeneração.

A porosidade do betão é um fator crítico. Um betão com uma estrutura porosa adequada permite que os agentes de cura, sejam eles químicos ou biológicos, cheguem às fissuras de forma eficaz. Se o betão for demasiado denso ou compacto, os agentes de cura podem não ter acesso às fissuras, limitando a sua capacidade de efetuar reparações (Mechtcherine et al., 2016). Por conseguinte, a conceção do betão auto-regenerativo deve equilibrar a resistência e a porosidade para facilitar este processo.

Além disso, a investigação sobre a física dos materiais conduziu à criação de betões que respondem às alterações das condições ambientais. Por exemplo, estão a ser desenvolvidos betões que podem expandir-se ou contrair-se em resposta a alterações de temperatura, o que pode ajudar a selar fissuras de forma mais eficaz. Este princípio centra-se no ajuste da composição do betão através da incorporação de aditivos que permitem estas propriedades dinâmicas.

A física dos materiais também se estende à compreensão da forma como as forças externas, como as cargas estruturais e as vibrações, afectam a integridade do betão. Ao compreender estas interações, os engenheiros podem conceber betões que não só são resistentes à fissuração, como também são capazes de se reparar eficazmente quando ocorrem danos.

Engenharia de materiais

A engenharia de materiais é um princípio fundamental no desenvolvimento do betão auto-reparável, que se refere à seleção e combinação de materiais que melhoram as propriedades do betão. Esta abordagem é essencial para criar um material que seja não só forte e durável, mas também capaz de uma auto-reparação eficaz.

A investigação neste domínio conduziu à identificação de aditivos e compostos que podem melhorar a coesão e a resistência do betão. Por exemplo, a incorporação de fibras sintéticas ou naturais pode aumentar a resistência à tração e reduzir a formação de fissuras. Este princípio de engenharia de materiais permite a conceção de betões mais resistentes a condições ambientais adversas (Huang et al., 2015).

Além disso, a utilização de novos materiais, como os nanomateriais e os polímeros, tem demonstrado um grande potencial para melhorar as propriedades do betão auto-regenerativo. Os nanomateriais, em particular, podem melhorar a resistência à corrosão e a durabilidade do betão, o que é essencial para as estruturas expostas a ambientes agressivos, como as costas e as zonas industriais.

A engenharia de materiais também envolve a criação de betões com propriedades específicas para determinadas aplicações. Por exemplo, podem ser desenvolvidos betões leves para aplicações em edifícios altos, que exigem um equilíbrio entre resistência e peso. Ou, em alternativa, betões de alta resistência para estruturas que suportam cargas pesadas. Esta abordagem personalizada à formulação do betão auto-reparável permite a sua utilização numa vasta gama de aplicações.

1.2.4 Monitorização e resposta às condições ambientais

O princípio da monitorização e resposta refere-se à capacidade do betão auto-regenerável para detetar as condições ambientais e ativar os mecanismos de reparação. Esta abordagem tira partido de tecnologias avançadas, tais como sensores e sistemas de monitorização, que permitem uma resposta proactiva à deterioração.

Os sensores incorporados na estrutura de betão podem monitorizar continuamente a saúde do material, detectando o aparecimento de fissuras ou alterações nas condições ambientais. Quando é detectada uma fissura, o sistema pode ativar automaticamente agentes de cura, assegurando uma reparação rápida e eficiente (Wang et al., 2016). Este princípio não só melhora a eficácia do betão auto-regenerativo, como também permite a prevenção de danos adicionais que possam comprometer a integridade estrutural.

A implementação de tecnologias de monitorização tem também implicações significativas na manutenção das infra-estruturas. Em vez de se basear em inspecções periódicas, a monitorização contínua permite que os engenheiros e gestores de infra-estruturas tomem decisões informadas sobre o momento e o tipo de manutenção necessária. Isto pode resultar numa utilização mais eficiente dos recursos e na redução dos custos associados à reparação e manutenção.

Além disso, o princípio da monitorização e da resposta pode ser integrado com sistemas de inteligência artificial que analisam os dados para prever quando e onde é mais provável a ocorrência de fissuras. Esta abordagem proactiva permite aos engenheiros resolver os problemas antes de se tornarem falhas significativas, melhorando a segurança e a durabilidade das estruturas.

1.2.5 Sustentabilidade e eficiência dos recursos

A sustentabilidade é um princípio fundamental no desenvolvimento do betão auto-reparável. Num contexto em que a construção e as infra-estruturas contribuem significativamente para a pegada de carbono global, o betão auto-reparável oferece uma solução que pode reduzir o impacto ambiental.

Ao prolongar a vida útil das estruturas e ao reduzir a necessidade de reparações frequentes, o betão auto-regenerativo contribui para uma utilização mais eficiente dos recursos materiais. Este facto não só reduz o consumo de novos materiais, como também reduz a produção de resíduos, o que é essencial para uma construção sustentável (Kakooei et al., 2017). Além disso, este tipo de betão pode incorporar materiais reciclados na sua formulação, o que contribui ainda mais para a sustentabilidade do processo de construção.

A capacidade do betão auto-regenerativo para manter a sua integridade estrutural ao longo do tempo também significa menos perturbações na utilização da infraestrutura. Isto é particularmente importante nas zonas urbanas, onde as reparações podem causar congestionamento e afetar a qualidade de vida dos residentes. Ao minimizar estas perturbações, o betão auto-reparável não só melhora a sustentabilidade ambiental, como também apoia o bem-estar social.

Em suma, o betão auto-regenerativo baseia-se em princípios interdisciplinares que integram a química, a biologia, a física e a engenharia de materiais para oferecer uma solução inovadora e sustentável para os desafios da construção moderna. À medida que estes princípios são desenvolvidos e optimizados, espera-se que o betão auto-regenerativo transforme a indústria da construção, proporcionando estruturas mais duradouras e sustentáveis.

1.3 Tipos de betão auto-reparável

O betão auto-reparável é um avanço significativo na engenharia de materiais, concebido para melhorar a durabilidade e a sustentabilidade das estruturas de betão. Existem vários tipos de betão auto-reparável, cada um com caraterísticas e mecanismos de reparação específicos. Os tipos mais proeminentes, os seus princípios de funcionamento e aplicações são descritos de seguida.

1.3.1 Betão auto-reparável à base de microorganismos

O betão auto-reparador à base de microrganismos é uma solução inovadora no domínio da construção que visa melhorar a durabilidade e a sustentabilidade das estruturas de betão. Este tipo de betão incorpora microrganismos que, quando em contacto com água e nutrientes, podem precipitar carbonato de cálcio, que sela as fissuras e fendas que se formam ao longo do tempo. Este processo não só prolonga a vida útil do betão, como também reduz a necessidade de reparações dispendiosas e a utilização de materiais adicionais.

O princípio subjacente ao betão auto-reparador baseia-se na bio-construção. Os microrganismos, tais como certas espécies de bactérias, são encapsulados no betão durante a mistura. Quando surgem fissuras, a água penetra no betão, activando os microrganismos. Estes microorganismos metabolizam os nutrientes presentes e, como resultado, produzem carbonato de cálcio, que é depositado nas fissuras, selando-as efetivamente (Jonkers, 2011).

As vantagens do betão auto-reparável incluem a sua sustentabilidade, durabilidade e redução de custos. Ao reduzir a necessidade de reparações e a utilização de novos materiais, o betão auto-reparável contribui para práticas de construção mais sustentáveis. Além disso, pode prolongar significativamente a vida útil das estruturas, o que é especialmente benéfico em ambientes agressivos, onde o betão tradicional se pode deteriorar rapidamente. Embora o investimento inicial possa ser mais elevado, os custos a longo prazo são reduzidos devido ao menor número de reparações e manutenção.

No entanto, o betão auto-regenerativo baseado em microrganismos enfrenta vários desafios. Um dos principais é a seleção adequada de microrganismos que sejam eficazes em várias condições ambientais. A investigação sobre a viabilidade a longo prazo destes microrganismos no betão é ainda limitada. É também crucial considerar a interação destes microrganismos com outros aditivos e componentes do betão, o que pode afetar o seu desempenho global (Kakooei et al., 2017).

Em conclusão, o betão auto-regenerativo baseado em microrganismos representa um avanço significativo na engenharia civil e na construção sustentável. A sua capacidade de reparar automaticamente as fissuras não só melhora a durabilidade das estruturas, como também promove uma abordagem mais ecológica da construção. À medida que a investigação progride e os desafios actuais são ultrapassados, é provável que este tipo de betão se torne uma opção padrão na indústria da construção, contribuindo para um futuro mais sustentável e eficiente.

1.3.2 Betão auto-reparável com microcápsulas

O betão auto-reparável com microcápsulas é uma tecnologia emergente no domínio da engenharia civil que procura colmatar as limitações do betão convencional, nomeadamente em termos de durabilidade e manutenção. Este tipo de betão incorpora microcápsulas que contêm agentes de cura, como resinas ou produtos químicos, concebidos para libertar o seu conteúdo quando ocorrem fissuras na estrutura. Quando estes agentes são libertados, é iniciado um processo de cura para selar as fissuras, restaurando a integridade do betão e prolongando a sua vida útil.

O funcionamento do betão auto-reparável com microcápsulas baseia-se no princípio do encapsulamento. Durante o fabrico do betão, são adicionadas microcápsulas, que podem ser feitas de diferentes materiais, como polímeros ou cerâmicas. Quando o betão fissura, as microcápsulas partem-se, libertando o seu conteúdo na fissura. Este conteúdo reage com a água e outros componentes do betão, formando um gel ou material sólido que sela a fissura e impede a penetração de agentes externos, como água e contaminantes (Wang et al., 2016).

Este tipo de betão oferece várias vantagens significativas. Em primeiro lugar, melhora a durabilidade do material e, consequentemente, a vida útil das estruturas. Isto é especialmente importante em ambientes onde o betão é exposto a condições adversas, como ciclos de gelo-degelo ou exposição a produtos químicos. Além disso, a aplicação de betão auto-regenerativo com microcápsulas pode reduzir significativamente os custos de manutenção a longo prazo, reduzindo a necessidade de reparações frequentes e dispendiosas.

No entanto, a auto-reparação do betão com microcápsulas também apresenta desafios. Um dos principais é a necessidade de investigar e desenvolver microcápsulas que sejam eficazes e económicas em grande escala. Além disso, é necessário ter em conta a forma como a inclusão de microcápsulas afecta as propriedades mecânicas do betão, tais como a sua resistência e durabilidade. A compatibilidade dos agentes de cura com outros aditivos para betão é também um aspeto crítico que tem de ser estudado para garantir um desempenho ótimo (Mechtcherine et al., 2016).

Em conclusão, o betão auto-regenerativo de microcápsulas representa um grande avanço na procura de materiais de construção mais duráveis e sustentáveis. A sua capacidade de selar automaticamente as fissuras através da libertação de agentes de cura pode revolucionar a forma como as estruturas de betão são concebidas e mantidas. À medida que a investigação prossegue e os actuais desafios são ultrapassados, é provável que esta tecnologia se integre cada vez mais na prática da engenharia civil, contribuindo para um futuro mais resistente e eficiente na construção.

1.3.3 Betão auto-reparável com polímeros expansíveis

O betão auto-reparável com polímeros expansivos é uma inovação que visa melhorar a durabilidade e a resistência do betão a fissuras e fendas. Este tipo de betão incorpora aditivos poliméricos que, quando em contacto com a água ou quando activados por alterações ambientais, se expandem e preenchem automaticamente as fissuras que se formam na estrutura. Esta capacidade de auto-reparação não só prolonga a vida útil do betão, como também reduz significativamente a necessidade de reparações manuais e o consumo de recursos adicionais.

O mecanismo de funcionamento do betão auto-regenerativo com polímeros expansivos baseia-se na reação destes polímeros à água ou a alterações de temperatura. Durante o fabrico do betão, são integradas microcápsulas ou partículas de polímero que, quando a água é detectada, se expandem. Esta expansão permite que o polímero preencha as fissuras, formando uma selagem eficaz que impede a infiltração de humidade e de outros agentes nocivos que podem comprometer a integridade estrutural do betão (Le et al., 2012).

Entre as vantagens da utilização de betão auto-regenerativo com polímeros expansivos está a sua capacidade de melhorar a resistência e a durabilidade do material. A expansão dos polímeros não só sela as fissuras, como também pode ajudar a reforçar as áreas afectadas, resultando numa vida útil mais longa das estruturas. Além disso, ao reduzir a necessidade de reparações frequentes, os custos de manutenção a longo prazo são minimizados, tornando esta tecnologia uma opção viável e rentável para projectos de construção.

No entanto, existem desafios associados à utilização de polímeros expansíveis no betão. Um dos principais é assegurar a compatibilidade destes polímeros com o cimento e outros aditivos utilizados na mistura. A investigação sobre a durabilidade e o comportamento destes polímeros ao longo do tempo é também essencial, uma vez que é necessário um desempenho consistente em várias condições ambientais (Zhang et al., 2016). Além disso, é necessária uma análise detalhada da forma como a inclusão de polímeros afecta as propriedades mecânicas do betão, tais como a sua resistência à compressão e à tração.

Em conclusão, o betão auto-regenerável com polímeros expansivos representa um avanço significativo na tecnologia da construção, oferecendo uma solução eficaz para melhorar a durabilidade do betão e reduzir os custos de manutenção. A sua capacidade de selar automaticamente as fissuras e melhorar a resistência estrutural pode revolucionar a forma como as infra-estruturas são concebidas e mantidas. À medida que a investigação avança e os desafios existentes são abordados, este tipo de betão tem potencial para se tornar uma opção padrão na indústria da construção, contribuindo para um futuro mais sustentável e eficiente.

1.3.4 Betão auto-reparável com aditivos químicos

A auto-reparação do betão com aditivos químicos é uma inovação que procura melhorar a durabilidade e a longevidade das estruturas de betão através da incorporação de produtos químicos que reagem à formação de fissuras. Estes aditivos são concebidos para serem activados quando é detectada uma fissura, permitindo que um gel ou material sólido se forme e sele a fissura, restaurando assim a integridade do betão.

O funcionamento deste tipo de betão baseia-se na química dos aditivos. Quando estes compostos são misturados com o betão, são preparados para reagir quando a água entra nas fissuras. Por exemplo, alguns aditivos químicos podem libertar agentes selantes que, em contacto com a água, se expandem e formam um material que sela a fissura. Esta reação pode ser instantânea ou progressiva, dependendo da formulação do aditivo (Ramakrishnan et al., 2009).

As vantagens da utilização de betão auto-regenerativo com aditivos químicos são notáveis. Em primeiro lugar, esta abordagem pode prolongar significativamente a vida útil das estruturas, minimizando a deterioração e a necessidade de reparações. Isto é especialmente valioso em ambientes onde o betão está exposto a condições adversas, como a humidade e a corrosão. Além disso, a implementação de aditivos químicos pode ser mais económica a longo prazo, uma vez que reduz os custos de manutenção e aumenta a eficiência dos recursos utilizados na construção.

Apesar dos benefícios, existem também desafios associados à utilização de aditivos químicos. Um dos principais é a necessidade de investigar a compatibilidade destes aditivos com os componentes do betão, bem como a sua eficácia a longo prazo. É também essencial avaliar de que forma a inclusão destes aditivos afecta as propriedades mecânicas do betão, como a sua resistência à compressão e a durabilidade em condições extremas (Mechtcherine et al., 2016).

Em termos de aplicações, o betão auto-regenerativo com aditivos químicos é adequado para uma variedade de estruturas, desde edifícios a pontes e pavimentos. A sua capacidade de reparação automática de fissuras pode ser particularmente benéfica em infra-estruturas críticas onde a segurança e a durabilidade são fundamentais. À medida que a investigação avança nesta área, espera-se que sejam desenvolvidas formulações mais eficazes e sustentáveis que maximizem o desempenho do betão auto-reparador.

1.3.5 Betão auto-reparável com nanomateriais

A auto-reparação do betão com nanomateriais é uma tecnologia inovadora que procura melhorar as propriedades mecânicas e a durabilidade do betão através da incorporação de nanopartículas. Estes materiais à escala nanométrica, como o óxido de grafeno, os nanotubos de carbono e as nanopartículas de sílica, apresentam caraterísticas únicas que podem otimizar o desempenho do betão, facilitando a sua capacidade de auto-reparação.

Os nanomateriais podem melhorar a coesão e a resistência do betão, bem como a sua impermeabilidade. Por exemplo, as nanopartículas de sílica podem preencher os poros da microestrutura do betão, o que reduz a permeabilidade e, consequentemente, a entrada de água e de agentes agressivos que podem causar fissuras. Quando ocorrem fissuras, a presença destes nanomateriais pode facilitar a ativação de processos de auto-reparação, uma vez que criam um ambiente propício para que os agentes de cura, sejam eles químicos ou biológicos, actuem de forma mais eficaz (Zhang et al., 2016).

Uma das vantagens mais significativas da auto-reparação do betão com nanomateriais é a sua capacidade de melhorar a durabilidade das estruturas. A utilização destes materiais pode resultar num betão mais resistente à corrosão, aos ciclos de gelo-degelo e a outros factores ambientais adversos. Isto é particularmente relevante em infra-estruturas expostas a condições extremas, como pontes e túneis, onde a integridade do material é crítica (Al-Tabbaa & Azzam, 2015).

No entanto, a incorporação de nanomateriais também apresenta desafios. Um dos principais é a variabilidade do comportamento dos nanomateriais em função da sua origem e do processo de fabrico. Isto pode afetar a consistência do desempenho do betão e complicar a produção em grande escala. Além disso, a interação entre os nanomateriais e os componentes do betão deve ser cuidadosamente estudada para evitar efeitos indesejáveis que possam comprometer a resistência e a durabilidade do material (Kaur & Singh, 2023).

A investigação sobre a auto-reparação do betão com nanomateriais está ainda na sua fase inicial, mas os resultados preliminares são promissores. À medida que novas formulações forem sendo desenvolvidas e optimizadas, é provável que estas tecnologias venham a ser mais amplamente utilizadas na indústria da construção, oferecendo soluções eficazes para melhorar a sustentabilidade e a resiliência das infra-estruturas.

1.3.6 Betão auto-reparável com sistemas de monitorização

A auto-reparação do betão com sistemas de monitorização é uma tendência emergente na engenharia civil que combina a capacidade de auto-reparação do betão com tecnologias avançadas de monitorização para garantir a integridade estrutural dos edifícios. Esta abordagem não só permite a identificação precoce de fissuras, como também optimiza o processo de reparação automática, melhorando a segurança e a durabilidade das estruturas.

A implementação de sistemas de monitorização em betão auto-reparável envolve a utilização de sensores integrados que podem detetar alterações nas condições do material, como a formação de fissuras ou a humidade. Estes sensores enviam dados em tempo real para uma plataforma de gestão, permitindo que engenheiros e técnicos avaliem o estado do betão numa base contínua. Ao combinar esta informação com as capacidades de auto-reparação do betão, o processo de reparação pode ser desencadeado no momento certo, garantindo que as fissuras são fechadas antes de se tornarem problemas graves (Henkensiefken & Schlangen, 2015).

Uma das principais vantagens desta abordagem é a melhoria da gestão do ciclo de vida do betão. Os sistemas de monitorização permitem uma manutenção proactiva, em vez de reactiva, o que significa que as intervenções podem ser feitas antes de as fissuras se tornarem graves. Isto não só prolonga a vida útil das estruturas, como também reduz os custos de reparação e manutenção a longo prazo. Além disso, a integração de tecnologias de monitorização pode aumentar a confiança dos proprietários e das autoridades na segurança das infra-estruturas, especialmente em aplicações críticas como pontes e edifícios altos.

No entanto, a implementação de betão auto-reparável com sistemas de monitorização também apresenta desafios. Um deles é a complexidade da instalação e manutenção dos sistemas de monitorização, que requerem investimentos iniciais significativos. Além disso, é necessário garantir que os sensores sejam compatíveis com o betão e não afectem negativamente as suas propriedades mecânicas. A durabilidade e a fiabilidade dos dispositivos de monitorização em condições adversas são também aspectos que têm de ser avaliados (Tittelboom & De Belie, 2013).

Em conclusão, o betão auto-regenerativo com sistemas de monitorização representa um avanço significativo na engenharia dos materiais. Esta abordagem não só melhora a capacidade de reparação do betão, como também optimiza a gestão do seu estado ao longo do tempo. À medida que a tecnologia avança e os desafios actuais são ultrapassados, é provável que esta sinergia entre a auto-reparação e a monitorização se torne uma norma na construção, contribuindo para estruturas mais seguras e mais sustentáveis.

1.4 Vantagens do betão auto-reparável

Durabilidade melhorada

Uma das vantagens mais significativas do betão reparável é a sua capacidade de prolongar a vida útil das estruturas. Ao selar automaticamente as fissuras que se formam devido ao stress ou à exposição a condições ambientais adversas, este tipo de betão reduz a necessidade de reparações frequentes e dispendiosas. Este facto não só melhora a durabilidade das estruturas, como também diminui o risco de falha estrutural (Al-Tabbaa & Azzam, 2015).

Redução dos custos de manutenção

A utilização de betão reparável pode resultar numa redução considerável dos custos de manutenção a longo prazo. Ao minimizar a necessidade de intervenções manuais para reparar os danos, poupam-se recursos económicos e humanos. Isto é especialmente benéfico em infra-estruturas críticas, onde o tempo de inatividade e os custos de reparação podem ser significativos (Lepech & Li, 2008).

Sustentabilidade ambiental

O betão auto-reparável contribui para a sustentabilidade ambiental ao reduzir a quantidade de materiais necessários para as reparações. Ao evitar a demolição e a reconstrução de secções danificadas, reduz-se o desperdício de materiais e a pegada de carbono associada à produção de novos materiais de construção. Além disso, alguns tipos de betão reparável utilizam bactérias que são biodegradáveis e amigas do ambiente (Jonkers & Schlangen, 2007).

Melhorar a segurança estrutural

A capacidade do betão reparável para selar fissuras contribui para uma maior segurança estrutural. Ao impedir a propagação dos danos, reduz-se o risco de colapso ou de falha estrutural que poderia pôr em perigo a vida das pessoas. Isto é especialmente importante em edifícios e pontes que transportam cargas pesadas ou estão expostos a condições climatéricas extremas (Henkensiefken & Schlangen, 2015).

Versatilidade nas aplicações

O betão reparável é versátil e pode ser aplicado numa variedade de contextos, desde edifícios residenciais a infra-estruturas rodoviárias e pontes. A sua capacidade de se adaptar a diferentes condições e requisitos de conceção torna-o uma escolha ideal para arquitectos e engenheiros que procuram soluções inovadoras e eficazes para a construção moderna (Al-Tabbaa & Azzam, 2015).

Aumentar a eficiência na construção

A implementação de betão reparável pode aumentar a eficiência dos processos de construção. Ao reduzir a necessidade de reparações subsequentes, os projectos podem ser concluídos mais rapidamente e com menos interrupções. Isto é particularmente benéfico em projectos de grande escala em que o tempo é um fator crítico (Lepech & Li, 2008).

1.5 Aplicação do betão auto-reparável

O betão auto-reparável é uma inovação na engenharia de materiais que ganhou atenção nas últimas décadas devido à sua capacidade de melhorar a durabilidade e a sustentabilidade das estruturas de betão. Este tipo de betão tem aplicações em diversas áreas, desde a construção de edifícios a infra-estruturas rodoviárias e pontes. Algumas das aplicações mais relevantes do betão auto-reparável são descritas abaixo.

Uma das aplicações mais comuns do betão auto-reparável é na construção de edifícios. Este material pode ser utilizado em estruturas residenciais e comerciais, onde a prevenção de danos é crucial para a segurança e a longevidade do edifício. Ao selar automaticamente as fissuras que se podem formar devido a tensões estruturais ou alterações ambientais, o betão auto-regenerável reduz a necessidade de reparações frequentes e dispendiosas (Van Tittelboom et al., 2010).

O betão auto-reparável também é aplicado na construção de estradas e pavimentos. As superfícies das estradas estão sujeitas a um desgaste constante devido ao tráfego e às condições climatéricas. Ao utilizar betão auto-reparável, a vida útil das estradas pode ser prolongada, minimizando a manutenção e melhorando a segurança rodoviária. Isto é especialmente importante em zonas com climas extremos, onde as fissuras se podem formar rapidamente (Henkensiefken & Schlangen, 2015).

As pontes são estruturas críticas que requerem uma manutenção constante para garantir a segurança dos utilizadores. A aplicação de betão auto-reparável na construção de pontes pode ajudar a evitar a deterioração e a falha estrutural. Este tipo de betão pode selar fissuras que, se não forem tratadas, podem comprometer a integridade da ponte. Além disso, ao reduzir a necessidade de reparações, as perturbações do tráfego são minimizadas e os custos de manutenção são optimizados (Lepech & Li, 2008).

As barragens e outras estruturas hidráulicas estão expostas a condições extremas e podem sofrer danos devido à pressão da água e à erosão. O betão auto-reparável pode ser utilizado nestas aplicações para garantir que as fissuras são automaticamente seladas, ajudando a manter a segurança e a funcionalidade destas estruturas críticas. Isto é especialmente relevante no contexto das alterações climáticas, em que as condições ambientais podem ser mais imprevisíveis (Al-Tabbaa & Azzam, 2015).

O betão auto-reparável também tem aplicações na restauração de edifícios históricos. Ao utilizar este material, a integridade estrutural dos edifícios antigos pode ser preservada, minimizando o impacto visual das reparações. Isto é essencial para manter o valor histórico e cultural destes edifícios, assegurando simultaneamente a sua longevidade (Jonkers & Schlangen, 2007).

1.6 Desafios e futuro do betão auto-reparável

O betão auto-reparável surgiu como uma solução inovadora na construção, prometendo melhorar a durabilidade e a sustentabilidade das estruturas. Este material, que tem a capacidade de selar automaticamente as fissuras à medida que estas se formam, oferece um potencial significativo para transformar a forma como as infra-estruturas são concebidas e mantidas. No entanto, a sua implementação em grande escala enfrenta vários desafios que têm de ser resolvidos para garantir o seu sucesso futuro.

Desafios actuais

Um dos principais obstáculos à adoção do betão auto-reparável é o custo de produção. A incorporação de aditivos, tais como bactérias ou microcápsulas, pode aumentar significativamente o preço do betão em comparação com o betão convencional. Isto pode ser um impedimento à sua utilização em projectos de construção em que o orçamento é uma preocupação primordial (Zhao et al., 2022). Embora se espere que os custos diminuam com o avanço da tecnologia e a produção em larga escala, o investimento inicial necessário pode desencorajar os construtores e promotores.

A falta de regras e regulamentos normalizados para o betão auto-regenerativo é outro grande desafio. O sector da construção é altamente regulamentado e a introdução de novos materiais exige a validação do seu desempenho e segurança. Sem normas claras, os engenheiros e arquitectos podem ter relutância em adotar esta tecnologia (Zheng et al., 2021). A criação de regulamentação específica para o betão auto-reparável poderia facilitar a sua aceitação e incentivar a sua utilização em projectos de infra-estruturas, mas este processo pode ser lento e complicado.

A aplicação efectiva do betão auto-reparável exige uma mudança de mentalidade dos profissionais da construção. Muitos engenheiros e arquitectos ainda não estão familiarizados com as propriedades e os benefícios deste material. Por conseguinte, é essencial proporcionar formação e educação sobre a sua utilização e aplicação (Kaur & Singh, 2023). Sem uma compreensão clara do funcionamento do betão auto-reparável, é pouco provável que os profissionais o utilizem nos seus projectos. As iniciativas de formação e os programas educativos podem ser fundamentais para expandir a sua utilização na indústria.

Durabilidade a longo prazo

Embora o betão auto-regenerativo tenha demonstrado ser eficaz em ensaios laboratoriais, o seu desempenho a longo prazo em condições reais ainda tem de ser avaliado. As condições ambientais, como a exposição à humidade e os ciclos de secagem, podem afetar a eficácia dos mecanismos de auto-regeneração (Ravikar et al., 2023). Além disso, é crucial avaliar de que forma o envelhecimento do material influencia a sua capacidade de auto-regeneração ao longo do tempo. A investigação contínua nesta área é essencial para garantir a sua viabilidade a longo prazo, especialmente em ambientes difíceis.

O betão auto-reparável tem potencial para reduzir o desperdício de material e prolongar a vida útil das estruturas, mas a produção das misturas necessárias pode ter um impacto ambiental significativo. É crucial avaliar o ciclo de vida completo do betão auto-reparável para garantir que os seus benefícios superam as suas desvantagens ambientais (Tittelboom & De Belie, 2013). Isto inclui considerar a produção e a eliminação de aditivos e a sua comparação com o betão convencional. A sustentabilidade é um fator cada vez mais importante na construção moderna, e qualquer nova tecnologia deve estar alinhada com estes objectivos.

A variabilidade no comportamento do betão auto-reparador pode também dificultar a sua aplicação. Diferentes proporções de mistura, tipos de aditivos e condições de cura podem influenciar a eficácia do material. A inconsistência na qualidade do betão auto-reparável pode levar à desconfiança na sua utilização (İpek et al., 2023). Por conseguinte, é essencial estabelecer procedimentos de ensaio e controlo de qualidade que garantam um desempenho consistente em várias condições. A investigação sobre a forma de otimizar estas variáveis é essencial para desenvolver um produto fiável.

A aceitação do mercado é outro fator crítico que afecta a aplicação do betão auto-reparável. A resistência à mudança na indústria da construção, combinada com a falta de informação sobre os benefícios do betão auto-reparável, pode dificultar a sua adoção. É essencial demonstrar as suas vantagens em projectos reais e fornecer provas da sua eficácia e dos seus benefícios económicos a longo prazo (Lesovik et al., 2021). A promoção de estudos de casos de sucesso pode ajudar a ultrapassar estas barreiras e a criar confiança no material.

Apesar destes desafios, o futuro do betão auto-reparável é promissor. À medida que a tecnologia avança, estão a ser desenvolvidas novas soluções que poderão ultrapassar os obstáculos actuais.

O investimento em investigação e desenvolvimento é essencial para melhorar as propriedades do betão auto-regenerativo. Estão a ser exploradas novas abordagens, como a utilização de nanomateriais e aditivos biológicos, para aumentar a eficiência e reduzir os custos de produção. A colaboração entre universidades, institutos de investigação e a indústria será fundamental para impulsionar estes avanços (Lesovik et al., 2021). Além disso, a investigação sobre novos métodos de cura e a otimização da mistura podem melhorar a durabilidade e a capacidade de auto-regeneração do betão. A criação de redes de colaboração será essencial para maximizar o potencial destas inovações.

À medida que mais estudos demonstram a eficácia do betão auto-regenerativo, é provável que sejam desenvolvidas normas e certificações específicas. Isto facilitará a sua adoção em projectos de construção e aumentará a confiança dos profissionais na sua utilização (Zheng et al., 2021). A criação de um quadro regulamentar claro também incentivará as empresas a investir nesta tecnologia. As certificações podem servir como um selo de aprovação, permitindo que os construtores e proprietários de projectos se sintam mais confiantes em optar por este tipo de betão.

É essencial aumentar a sensibilização para os benefícios do betão auto-reparável. Os programas de educação e formação para engenheiros, arquitectos e construtores podem ajudar a difundir o conhecimento sobre este material e as suas aplicações, incentivando a sua utilização em projectos futuros (Kaur & Singh, 2023). Iniciativas como workshops, seminários e conferências podem ser eficazes para informar os profissionais sobre os avanços na tecnologia do betão auto-reparável. Além disso, a divulgação através dos media e das plataformas digitais pode ajudar a alcançar um público mais vasto, incluindo estudantes e novos profissionais.

A integração do betão auto-regenerativo com tecnologias emergentes, como a inteligência artificial e a monitorização em tempo real, pode melhorar o seu desempenho. Por exemplo, os sistemas de sensores poderiam detetar fissuras e acionar automaticamente mecanismos de reparação, optimizando assim a durabilidade das estruturas (Ravikar et al., 2023). Esta combinação de tecnologias não só aumentaria a eficiência do betão auto-regenerativo, como também forneceria dados valiosos para análise e melhoria contínua. A digitalização na construção promete revolucionar a forma como as infra-estruturas são geridas e mantidas.

À medida que a indústria da construção avança para práticas mais sustentáveis, o betão auto-reparável pode desempenhar um papel crucial na economia circular. A sua capacidade de prolongar a vida útil das estruturas e reduzir a necessidade de novos materiais alinha-se com os objectivos globais de sustentabilidade (Zhao et al., 2022). Além disso, a utilização de materiais reciclados e sustentáveis na produção de betão auto-reparável pode contribuir para uma maior redução da pegada de carbono da construção. A procura de soluções sustentáveis está a tornar-se um imperativo na construção moderna, e o betão auto-reparável pode ser parte integrante desta transformação.

O desenvolvimento de novos aditivos que melhorem as propriedades do betão auto-regenerativo é uma via promissora para o seu futuro. Está em curso investigação para encontrar materiais que não só melhorem a capacidade de auto-regeneração, como também sejam mais económicos e sustentáveis. Por exemplo, alguns estudos estão a explorar a utilização de subprodutos industriais como aditivos, o que poderia reduzir o impacto ambiental e os custos de produção (İpek et al., 2023).

CAPÍTULO 2

Nanotecnología

2.1 Introdução

A nanotecnologia surgiu como uma força transformadora no sector da construção, revolucionando a forma como os materiais são concebidos e fabricados. Esta tecnologia baseia-se na manipulação da matéria à escala nanométrica, permitindo que as propriedades dos materiais sejam modificadas para melhorar o seu desempenho e funcionalidade. As aplicações da nanotecnologia na construção são muito variadas, desde a melhoria da resistência e durabilidade dos materiais até à criação de soluções inovadoras para os problemas ambientais.

À medida que a procura de edifícios mais sustentáveis e eficientes continua a crescer, a nanotecnologia apresenta-se como uma resposta viável a estes desafios. Os nanomateriais, com as suas propriedades únicas, permitem a criação de estruturas mais resistentes, duradouras e adaptáveis. Por exemplo, a utilização de nanocompósitos no betão não só melhora a sua resistência mecânica, como também pode aumentar a sua durabilidade contra condições ambientais adversas (Vega-Baudrit & Juárez-Moreno, 2024). Além disso, os revestimentos avançados, que incorporam tecnologia nanométrica, oferecem caraterísticas como a auto-limpeza e a resistência à corrosão, prolongando a vida útil dos edifícios e reduzindo os custos de manutenção.

A aplicação da nanotecnologia na construção oferece um potencial revolucionário, embora enfrente desafios importantes, como a falta de regulamentação específica e a necessidade de mais investigação sobre a segurança dos nanomateriais (Roco, 2005). Este capítulo examinará tudo, desde as propriedades fundamentais dos materiais nanotecnológicos até às suas aplicações específicas em betão, nanotubos de carbono e nanocompósitos, bem como no desenvolvimento de materiais autolimpantes e duráveis. Explorará também o papel dos nanosensores na monitorização das estruturas e analisará o impacto ambiental destas inovações.

2.2 Propriedades e caraterísticas dos materiais nanotecnológicos

As nanotecnologias permitiram o desenvolvimento de materiais com propriedades únicas que não podem ser obtidas com os materiais convencionais. Estas propriedades resultam da manipulação da matéria a nível atómico e molecular, o que permite a otimização das caraterísticas físicas, químicas e mecânicas.

Os materiais nanotecnológicos são definidos pela sua dimensão, que varia entre 1 e 100 nanómetros. A esta escala, os materiais apresentam propriedades que são drasticamente diferentes das dos seus homólogos à escala macro, devido a fenómenos como o efeito quântico e a maior relação superfície/volume. O efeito quântico faz com que as propriedades electrónicas se comportem de forma diferente, enquanto a maior relação superfície/volume significa que as propriedades da superfície desempenham um papel mais importante, como se observa nas nanopartículas de prata, que são altamente eficazes como antimicrobianos (Cámara Argentina de la Construcción, 2019).

Entre as propriedades mecânicas mais notáveis dos nanomateriais contam-se a sua elevada resistência e flexibilidade. Por exemplo, os nanotubos de carbono têm uma resistência à tração superior a 130 GPa, o que os torna mais fortes do que o aço, mas muito mais leves (INSST, 2023). Esta combinação de resistência e flexibilidade é ideal para aplicações em estruturas que requerem durabilidade e capacidade de absorção de tensões. Além disso, alguns nanomateriais apresentam uma dureza comparável à do diamante, abrindo novas possibilidades para revestimentos protectores em ambientes extremos (Repsol, 2023).

Em termos de condutividade eléctrica e térmica, os materiais nanotecnológicos apresentam propriedades excepcionais. O grafeno é conhecido pela sua excecional condutividade eléctrica, com uma mobilidade de electrões que pode atingir 200 000 cm^2/V-s (UPM, 2017), o que o torna um material promissor para aplicações electrónicas avançadas. A sua elevada condutividade térmica, próxima de 5000 W/mK, permite o desenvolvimento de novos dispositivos electrónicos mais eficientes e compactos (INSST, 2023).

As propriedades ópticas dos nanomateriais são igualmente fascinantes e têm aplicações práticas significativas. As nanopartículas podem ser concebidas para absorver ou emitir luz em comprimentos de onda específicos; por exemplo, as nanopartículas de ouro podem mudar de cor em função do seu tamanho e forma devido a um fenómeno conhecido como ressonância plasmónica (Cámara Argentina de la Construcción, 2019). Além disso, os revestimentos à base de dióxido de titânio (TiO2) são utilizados em aplicações de auto-limpeza graças à sua capacidade fotocatalítica de decompor os poluentes sob luz UV.

As aplicações práticas destes materiais são vastas no sector da construção. A incorporação de nanopartículas como a sílica ou o grafeno no betão melhora significativamente as suas caraterísticas mecânicas e a sua durabilidade. Isto resulta em estruturas mais resistentes a condições ambientais adversas e reduz o risco de fissuração (Cámara Argentina de la Construcción, 2019). Os nanomateriais são também utilizados para desenvolver um isolamento térmico mais eficiente, reduzindo significativamente as perdas de energia nos edifícios (Repsol, 2023). Além disso, a integração de sensores baseados em nanomateriais permite a monitorização contínua da condição estrutural, detectando alterações subtis que podem indicar problemas antes de se tornarem falhas graves (INSST, 2023).

Com a sua capacidade de oferecer elevada resistência mecânica, condutividade superior e propriedades ópticas avançadas, estes materiais não só melhoram o desempenho estrutural, como também promovem práticas mais sustentáveis e inovadoras. À medida que a investigação neste domínio avança, é provável que venhamos a assistir a aplicações ainda mais transformadoras que tenham um impacto positivo na forma como construímos.

2.3 Nanotubos de carbono

Os nanotubos de carbono (CNT) estão a emergir como um material inovador na construção civil, graças às suas propriedades mecânicas excepcionais e à sua capacidade de melhorar a durabilidade e a resistência dos materiais de construção. Estas estruturas tubulares, que podem ser de parede simples ou múltipla, têm um diâmetro da ordem dos nanómetros e são conhecidas pela sua elevada resistência à tração, flexibilidade e condutividade eléctrica e térmica. A sua incorporação em compósitos como o cimento demonstrou melhorar significativamente as propriedades mecânicas destes materiais, mesmo em pequenas quantidades. Por exemplo, uma investigação recente demonstrou que a adição de nanotubos de carbono funcionalizados pode aumentar a resistência do cimento até 170% (Universidade Europeia, 2023).

Figura 2

Ilustração de um nanotubo de carbono

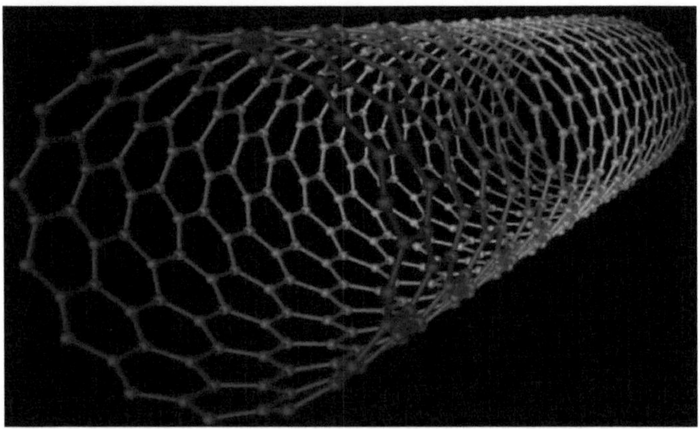

Fonte: Nanotec

A funcionalização dos nanotubos é um aspeto crucial para maximizar a sua eficácia nas misturas de cimento. Estudos indicaram que os nanotubos funcionalizados, que têm grupos químicos específicos na sua superfície, interagem melhor com o cimento, resultando numa hidratação mais rápida e numa melhoria de 20% na resistência do material (Universidade Europeia, 2023). Esta interação deve-se à atração eletrostática entre os grupos polares da superfície dos nanotubos e os componentes do cimento. Para além disso, a sua capacidade de preencher os vazios na microestrutura do cimento contribui para a redução da porosidade e melhora as propriedades mecânicas globais (Marcondes, 2012).

Os nanotubos de carbono também oferecem outras aplicações interessantes na construção civil. Por exemplo, estão a ser utilizados para desenvolver estruturas inteligentes que podem monitorizar o seu próprio estado. Os investigadores propuseram a integração de nanotubos em vigas e outros elementos estruturais para criar canais de comunicação que permitam a monitorização contínua do estado das estruturas (Agência SINC, 2023). Esta tecnologia poderá revolucionar a manutenção das infra-estruturas, permitindo uma avaliação mais precisa e menos dispendiosa da deterioração ao longo do tempo.

Além disso, os nanotubos são utilizados para criar materiais e sensores auto-curativos que respondem a estímulos ambientais. Isto inclui a possibilidade de desenvolver compósitos que não só são resistentes a condições adversas, como também se podem adaptar a mudanças de temperatura ou humidade (Dooko, 2023). Estas caraterísticas tornam os nanotubos ideais para aplicações em que é necessário um elevado desempenho em condições extremas.

No entanto, a incorporação de nanotubos de carbono em misturas de betão apresenta desafios. A distribuição homogénea destes nanomateriais na mistura é crucial para maximizar os seus benefícios. Técnicas como os ultra-sons estão a ser exploradas para conseguir uma dispersão adequada dos nanotubos em soluções aquosas ou oleosas, o que facilita a sua integração efectiva nos materiais (Marcondes, 2012). Apesar destes desafios técnicos, o potencial dos nanotubos de carbono para transformar a construção civil é significativo.

2.4 Nanopartículas em betões e cimentos

As nanopartículas estão a transformar os betões e os cimentos, introduzindo melhorias significativas nas suas propriedades mecânicas e funcionais. Estas partículas, que têm dimensões à escala nanométrica (menos de 100 nanómetros), são integradas nas misturas de cimento para modificar a sua microestrutura e melhorar o seu desempenho. A adição de nanopartículas como a nano sílica (n.SiO2), o nano óxido de titânio (n.TiO2) e os nanotubos de carbono (CNT) demonstrou influenciar positivamente o processo de hidratação do cimento a diferentes escalas: nano, micro e macro. Estas nanopartículas actuam como núcleos activos que aumentam a hidratação do cimento, melhorando as suas propriedades de resistência, reduzindo a sua porosidade e a retração do betão que provoca fissuras, bem como a sua possível degradação posterior (Expocihachub, 2023; Grinder, 2023).

Figura 3

Melhorar a microestrutura do betão utilizando nanopartículas

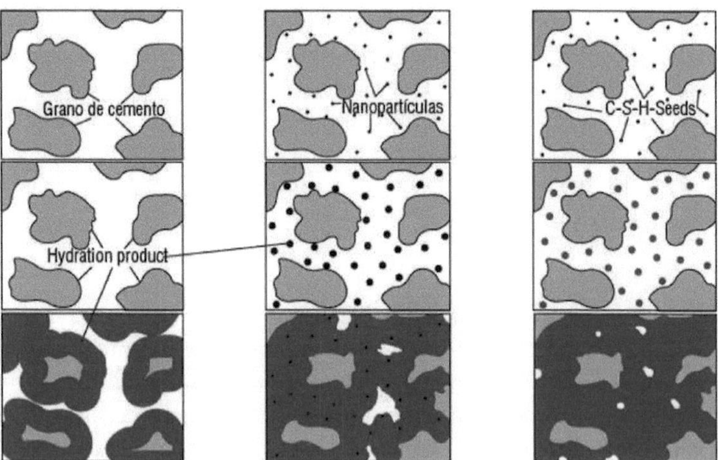

Fonte: Construir melhores projectos

2.4.1 Efeitos das nanopartículas na estrutura do betão

A incorporação de nanopartículas no betão tem um impacto notável na sua microestrutura. Estas partículas preenchem os espaços vazios entre os grãos de cimento e entre os agregados, resultando numa maior densidade do gel de silicato de cálcio hidratado (C-S-H). Este gel é crucial para a resistência do betão; ao aumentar a sua densidade, a resistência à dissolução do carbonato de cálcio presente na matriz do betão é aumentada. Além disso, a presença de nanopartículas reduz as quantidades de hidróxido de cálcio (Ca(OH)2) e o gel de C-S-H de menor densidade, o que contribui para uma melhoria global das propriedades mecânicas do material (Grinder, 2023; Expocihachub, 2023).

2.4.2 Nanopartículas direcionadas e seus benefícios

- Nano Sílica: A nano sílica é especialmente eficaz na melhoria da resistência e durabilidade do betão. A sua elevada reatividade permite uma melhor hidratação do cimento, resultando num aumento significativo da resistência à compressão e à flexão. Também ajuda a reduzir a permeabilidade do betão, tornando-o mais resistente ao ataque químico (Grinder, 2023).
- Nano óxido de titânio: Este material não só melhora as propriedades mecânicas do betão, como também introduz caraterísticas fotocatalíticas que permitem a decomposição dos poluentes sob luz UV. Isto significa que o betão tratado com

nano óxido de titânio pode contribuir para a purificação do ar e a auto-limpeza das superfícies (Expocihachub, 2023).

- Nanotubos de carbono: Como mencionado acima, os nanotubos de carbono provaram ser particularmente eficazes na melhoria das propriedades mecânicas do cimento. A investigação indica que mesmo pequenas quantidades de CNTs podem aumentar a resistência do cimento até 170%. Isto deve-se à sua capacidade de melhorar a hidratação e aumentar a ligação entre os componentes do betão (Universidade Europeia, 2023). Além disso, os nanotubos podem ser funcionalizados para otimizar a sua interação com o cimento, aumentando ainda mais a sua eficácia.

2.4.3 Inovações em Condutividade Eléctrica

Uma descoberta notável é que, ao adicionar nanocarbono preto à mistura de cimento, o betão pode ser transformado num condutor elétrico. A investigação do Centro para a Sustentabilidade do Betão do MIT demonstrou que, com apenas 4% de nanocarbono preto, o betão pode ser transformado em condutor de corrente eléctrica. Isto abre novas oportunidades para aplicações inovadoras, tais como sistemas de aquecimento integrados em pavimentos interiores (Expocihachub, 2023). Ao transformar o próprio betão num condutor de calor, a instalação de sistemas de aquecimento é simplificada e a distribuição de calor é melhorada.

Os investigadores estão também a explorar a utilização de nanopartículas biodegradáveis, como os nanocristais de quitina, derivados das carapaças de crustáceos. Estes biopolímeros não só melhoram a resistência à flexão e à compressão do betão em até 40%, como também ajudam a reduzir os resíduos marinhos através da utilização de subprodutos alimentares (Concrete a Day, 2023). Esta inovação não só melhora as propriedades mecânicas do betão, como também responde a preocupações ambientais, reduzindo a pegada de carbono associada à sua produção.

2.4.4 Desafios de implementação

Apesar dos benefícios promissores, existem desafios técnicos significativos na incorporação eficaz de nanopartículas em misturas de betão. A distribuição homogénea é crucial para maximizar os seus benefícios; métodos como o ultrassom e técnicas químicas para funcionalizar as nanopartículas estão a ser investigados para melhorar a sua dispersão (Marcondes, 2012). Além disso, é essencial compreender como estas nanopartículas interagem com os compostos resultantes durante o processo de hidratação do cimento.

2.5 Nanocompósitos de polímeros em infra-estruturas

Os nanocompósitos poliméricos estão a emergir como uma solução inovadora na construção de infra-estruturas, graças às suas propriedades melhoradas e versatilidade em várias aplicações. Estes materiais caracterizam-se pela dispersão homogénea de partículas de dimensões nanométricas (inferiores a 100 nm) numa matriz polimérica, o que lhes confere propriedades mecânicas, térmicas e eléctricas superiores às dos compósitos convencionais. A incorporação de nanopartículas, como os nanotubos de carbono, o grafeno e as nanoargilas, tem-se revelado eficaz para melhorar o desempenho dos polímeros utilizados na construção.

2.5.1 Propriedades mecânicas e térmicas

Uma das caraterísticas mais notáveis dos nanocompósitos de polímeros é a melhoria das suas propriedades mecânicas. Por exemplo, estudos demonstraram que a adição de nanotubos de carbono (CNT) a matrizes de polipropileno aumenta significativamente a resistência ao impacto e a rigidez do material. A investigação demonstrou que, ao aumentar o teor de CNT, as propriedades mecânicas do polipropileno melhoram significativamente, permitindo o desenvolvimento de materiais mais leves e mais resistentes à colisão (Redalyc, 2023). Este tipo de reforço é crucial em aplicações onde a resistência ao impacto é crítica, como componentes estruturais ou revestimentos.

Para além disso, os nanocompósitos de polímeros têm propriedades térmicas melhoradas. A dispersão uniforme das nanopartículas na matriz polimérica não só aumenta a rigidez, como também melhora a estabilidade térmica do material. Isto é especialmente relevante em ambientes onde as temperaturas podem flutuar drasticamente, uma vez que os nanocompósitos podem manter as suas propriedades estruturais e funcionais em condições extremas (Zavala Murguía, 2023).

2.5.2 Funcionalidade melhorada

Os nanocompósitos não só melhoram as propriedades mecânicas e térmicas, como também introduzem novas funcionalidades. Por exemplo, o grafeno foi integrado em matrizes poliméricas para criar materiais com alta condutividade elétrica e térmica. Esta propriedade é essencial para aplicações em que é necessária uma rápida dissipação de calor ou uma condução eléctrica eficiente (SciELO, 2017). Os nanocompósitos à base de grafeno têm-se revelado particularmente úteis em dispositivos electrónicos e sistemas de energia solar, onde a sua capacidade de conduzir eletricidade pode ser aproveitada.

Além disso, os revestimentos autolimpantes desenvolvidos a partir de nanocompósitos poliméricos ganharam atenção devido à sua capacidade de reduzir a manutenção necessária para as infra-estruturas. Estes revestimentos utilizam nanopartículas que permitem a degradação de contaminantes sob luz UV, resultando em superfícies que se mantêm limpas durante mais tempo (CIMAV, 2023).

2.5.3 Aplicações de infra-estruturas

As aplicações dos nanocompósitos poliméricos em infra-estruturas são diversas. São utilizados no fabrico de materiais compósitos para estruturas inteligentes, onde os nanotubos de carbono são integrados em vigas e outros elementos estruturais para monitorizar o seu estado. Esta tecnologia pode detetar alterações estruturais ou deterioração através de sensores incorporados que enviam informações sobre o estado do material (Agencia SINC, 2023). Esta capacidade de monitorizar o estado estrutural é crucial para garantir a segurança e a durabilidade de grandes obras públicas.

Além disso, os nanocompósitos estão a ser utilizados em revestimentos para proteção contra a corrosão. A incorporação de nanopartículas metálicas ou cerâmicas pode melhorar significativamente a resistência à corrosão de estruturas expostas a ambientes agressivos, prolongando assim a sua vida útil (CIMAV, 2023).

2.5.4 Desafios e futuro

Apesar das suas inúmeras vantagens, a implementação de nanocompósitos poliméricos enfrenta alguns desafios. Um dos principais obstáculos é assegurar uma dispersão homogénea das nanopartículas na matriz polimérica. A aglomeração pode reduzir significativamente os benefícios esperados. Por isso, estão a ser investigados métodos avançados para melhorar a dispersão e a funcionalização destas nanopartículas (Zavala Murguía, 2023).

O futuro dos nanocompósitos de polímeros em infra-estruturas parece promissor. Com o desenvolvimento tecnológico contínuo e uma maior compreensão da forma de manipular estas estruturas a nível molecular, é provável que assistamos a um aumento da sua utilização não só na construção civil, mas também noutras indústrias, como a automóvel e a eletrónica.

2.6 Desenvolvimento de materiais autolimpantes

A nanotecnologia revolucionou o desenvolvimento de materiais autolimpantes, oferecendo soluções inovadoras que melhoram a limpeza e a manutenção de várias superfícies. Estes materiais, que utilizam nanopartículas para criar propriedades únicas, são concebidos para remover a sujidade e os contaminantes de forma eficiente, reduzindo a necessidade de limpeza manual e a utilização de produtos químicos agressivos.

Os materiais autolimpantes baseiam-se em dois princípios fundamentais: a super-hidrofobicidade e a fotocatálise. A super-hidrofobicidade refere-se à capacidade de uma superfície repelir a água, permitindo que as gotículas de água rolem para fora dela, transportando consigo a sujidade e outros contaminantes. Este fenómeno é observado na natureza, como nas folhas de lótus, que têm uma estrutura de superfície que lhes permite manterem-se limpas (StudySmarter, 2023).

A fotocatálise, por outro lado, envolve a utilização da luz (normalmente a luz solar) para ativar um componente do material, como o dióxido de titânio (TiO2). Quando este material é exposto à luz, gera espécies reactivas que podem decompor as partículas de sujidade e os microrganismos nocivos. Este processo não só mantém as superfícies limpas, como também pode desativar bactérias e vírus, o que é especialmente útil em ambientes como os hospitais (CIMAV, 2023).

A investigação recente conduziu ao desenvolvimento de tintas autolimpantes compostas por nanopartículas de dióxido de titânio revestidas. Estas tintas são aplicáveis a uma vasta gama de superfícies, incluindo têxteis, vidro e aço. Um estudo realizado por investigadores da University College London (UCL) demonstrou que estas nanopartículas não só são eficazes em condições normais, como também mantêm a sua funcionalidade mesmo depois de serem sujeitas a desgaste mecânico ou exposição a óleos (UCL Chemistry, 2023).

A tinta autolimpante criada pela UCL forma um acabamento que repele a água e outros líquidos, criando um efeito perolado na superfície. Quando a água é aplicada a esta superfície tratada, as gotículas rolam e lavam a sujidade depositada. Em experiências com algodão tratado, este emergiu branco imaculado após ter sido imerso em água tingida (Yao Lu et al., 2023). Este tipo de tecnologia tem aplicações potenciais em vários sectores, da construção ao automóvel.

2.6.1 Aplicações em vários sectores

Os materiais autolimpantes têm uma vasta gama de aplicações. No sector da construção, são utilizados para revestimentos exteriores e interiores que não só melhoram a estética dos edifícios, como também reduzem os custos de manutenção, minimizando a acumulação de sujidade e contaminantes. Por exemplo, o vidro autolimpante aplicado em arranha-céus ajuda a manter as janelas limpas sem a necessidade de limpezas dispendiosas com andaimes ou gruas (StudySmarter, 2023).

Nos cuidados de saúde, as tintas autolimpantes podem ser utilizadas nos hospitais para criar superfícies que não só são fáceis de limpar como também desactivam agentes patogénicos perigosos. Isto é crucial para prevenir infecções nosocomiais e manter ambientes limpos e seguros (CIMAV, 2023).

Além disso, as tintas fotocatalíticas estão a ser exploradas como soluções para combater a poluição atmosférica. Estas tintas podem reter partículas poluentes e decompô-las através de reacções químicas desencadeadas pela luz ultravioleta. A investigação do Instituto de Química de Materiais de Viena revelou resultados promissores utilizando nanopartículas recicladas para criar estas tintas (Imnovation Hub, 2023). A capacidade de purificar o ar e manter as fachadas limpas representa um avanço significativo em direção a cidades mais sustentáveis.

Apesar do potencial promissor dos materiais autolimpantes baseados na nanotecnologia, há desafios significativos a enfrentar. Um dos principais obstáculos é garantir a durabilidade e a resistência ao desgaste mecânico destes materiais após a sua aplicação. Embora a investigação tenha feito progressos neste domínio, é crucial continuar a desenvolver formulações que mantenham as suas propriedades de autolimpeza ao longo do tempo (Yao Lu et al., 2023).

O futuro do desenvolvimento de materiais autolimpantes parece promissor. Prevê-se que o mercado cresça significativamente nos próximos anos devido à crescente procura de soluções de limpeza sustentáveis e eficientes. O relatório "Markets for Self-Cleaning Coatings and Surfaces: 2015 to 2022" estima que o crescimento do mercado atingirá aproximadamente 3,3 mil milhões de dólares até 2025 (UCL Chemistry, 2023).

2.7 Impacto ambiental dos materiais nanotecnológicos

Um dos principais problemas associados à nanotecnologia é a potencial toxicidade das nanopartículas. Algumas nanopartículas demonstraram ser mais tóxicas por unidade de massa do que as suas congéneres maiores, devido à sua maior área de superfície e reatividade química (The Royal Society, 2004). Este facto suscita preocupações quanto à forma como estas partículas podem interagir com os organismos vivos e os ecossistemas. Por exemplo, verificou-se que as nanopartículas podem ser absorvidas por organismos do solo, o que pode provocar efeitos adversos na cadeia alimentar (Redalyc, 2015).

Além disso, o destino ambiental das nanopartículas é uma preocupação crescente. Estima-se que uma quantidade significativa de nanopartículas geradas acabe em aterros sanitários ou massas de água, onde o seu comportamento e efeitos a longo prazo são ainda pouco conhecidos (Ve et al., 2015). A falta de dados sobre a biodegradabilidade e o impacto cumulativo destas partículas no ambiente dificulta a avaliação dos riscos e a formulação de regulamentação adequada.

2.7.1 Sustentabilidade na utilização das nanotecnologias

Apesar dos riscos potenciais, a nanotecnologia também oferece oportunidades significativas para melhorar a sustentabilidade na engenharia civil. Os materiais autolimpantes baseados na nanotecnologia, por exemplo, podem reduzir a necessidade de produtos químicos para limpeza e manutenção, minimizando assim o impacto ambiental associado (CIMAV, 2023). Além disso, os revestimentos fotocatalíticos podem ajudar a decompor os poluentes atmosféricos, contribuindo para um ambiente urbano mais limpo (Rickerby et al., 2023).

A capacidade dos nanomateriais para aumentar a eficiência energética dos edifícios é também um aspeto fundamental para promover práticas sustentáveis. Por exemplo, a utilização de nanocompósitos em sistemas de isolamento pode reduzir significativamente o consumo de energia necessário para o aquecimento e a refrigeração (CIMAV, 2023). Isto não só diminui as emissões de gases com efeito de estufa associadas à utilização de energia, como também reduz os custos operacionais a longo prazo.

2.8 Desafios na aplicação da nanotecnologia na engenharia civil

Apesar do potencial promissor da nanotecnologia, a sua aplicação na engenharia civil enfrenta vários desafios:

- Falta de regulamentação: A regulamentação da utilização e produção de produtos nanotecnológicos tem sido um desafio devido à falta de conhecimento sobre os riscos associados. Muitos produtos nanotecnológicos são considerados novos e não estão abrangidos pelos regulamentos existentes (Nanobiology, 2023). Este facto representa um risco tanto para os trabalhadores que manuseiam estes materiais como para o ambiente.
- Toxicidade desconhecida: A toxicidade potencial das nanopartículas continua a ser uma área pouco explorada. São necessários mais estudos ecotoxicológicos para compreender como estas partículas afectam os organismos vivos e os ecossistemas (Ve et al., 2015). Sem esta informação, é difícil estabelecer práticas de manuseamento seguras.
- Custo e produção: A produção em grande escala e o custo associado aos materiais nanotecnológicos podem ser proibitivos. Embora se espere que os custos diminuam com os avanços tecnológicos, muitos projectos enfrentam atualmente restrições financeiras que limitam a sua implementação (CIMAV, 2023).

- Sensibilização do público: Existe uma falta generalizada de compreensão do público relativamente aos benefícios e riscos associados à nanotecnologia. A educação e a sensibilização são cruciais para promover a aceitação informada do público e facilitar a adoção segura destas tecnologias (Rickerby et al., 2023).
- A nanotecnologia tem o potencial de revolucionar a engenharia civil através do desenvolvimento de materiais mais eficientes e sustentáveis. No entanto, é fundamental enfrentar os desafios associados à sua aplicação para garantir que sejam utilizadas de forma segura e responsável. Uma regulamentação adequada, juntamente com mais investigação sobre a toxicidade e o desempenho ambiental, será essencial para maximizar os benefícios e minimizar os riscos associados a estes materiais inovadores.

A nanotecnologia tem o potencial de revolucionar a engenharia civil através do desenvolvimento de materiais mais eficientes e sustentáveis. No entanto, é fundamental enfrentar os desafios associados à sua aplicação para garantir que sejam utilizadas de forma segura e responsável. Uma regulamentação adequada, juntamente com mais investigação sobre a toxicidade e o desempenho ambiental, será essencial para maximizar os benefícios e minimizar os riscos associados a estes materiais inovadores.

CAPÍTULO 3

Impresión 3D

Fuente: Cobod

3.1 Introdução

A impressão 3D surgiu no sector da construção como uma tecnologia revolucionária, transformando a forma como os edifícios são concebidos e construídos. Este método de fabrico aditivo permite a criação de estruturas tridimensionais a partir de modelos digitais, depositando material camada a camada. As aplicações da impressão 3D na construção são diversas, desde a produção de protótipos e modelos até à construção de componentes de habitações e infra-estruturas.

Um dos aspectos mais atractivos da impressão 3D é a sua capacidade de reduzir custos e tempos de construção. Ao minimizar o desperdício de material e exigir menos mão de obra, este método pode não só diminuir significativamente o orçamento de um projeto, como também acelerar a sua conclusão. Isto é crucial em situações de emergência, em que a rapidez pode ser vital para fornecer abrigo às comunidades afectadas por catástrofes naturais.

Para além disso, a impressão 3D oferece benefícios ambientais significativos. A indústria da construção é responsável por uma grande parte das emissões de carbono, e a adoção de tecnologias sustentáveis é essencial para mitigar este impacto. A impressão 3D facilita a utilização de materiais reciclados e sustentáveis, promovendo práticas mais ecológicas.

No entanto, a sua implementação enfrenta desafios, como a falta de regulamentação específica e a resistência à mudança num sector tradicional. Apesar destes obstáculos, o futuro da impressão 3D na construção é prometedor. Este capítulo irá explorar em pormenor os conceitos básicos da impressão 3D, as suas aplicações actuais, os benefícios e desafios que apresenta, bem como as tendências futuras que poderão redefinir a indústria da construção.

3.2 Fundamentos da impressão 3D

A impressão 3D, também conhecida como fabrico aditivo, revolucionou a forma como os objectos são produzidos numa variedade de indústrias, incluindo a construção. Este processo envolve a criação de objectos tridimensionais a partir de modelos digitais, utilizando uma variedade de materiais e técnicas. A impressão 3D baseia-se no princípio da adição de material em camadas sucessivas, o que contrasta com os métodos de fabrico tradicionais que envolvem frequentemente a remoção de material, como o corte ou a fresagem. Esta técnica permite uma maior flexibilidade no design e a criação de geometrias complexas que seriam difíceis de alcançar com técnicas convencionais, como salientam Gibson, Rosen e Stucker (2015).

O processo de impressão 3D segue geralmente várias etapas:

- Criação do modelo digital: O software de desenho assistido por computador (CAD) é utilizado para criar um modelo digital do objeto a ser impresso. Este modelo é convertido num ficheiro num formato compatível com a impressora 3D, como STL ou OBJ.
- Preparação do ficheiro: O ficheiro digital é preparado utilizando um software de corte, que divide o modelo em camadas horizontais e gera as instruções necessárias para a impressora.
- Impressão: A impressora 3D utiliza o ficheiro preparado para depositar o material em camadas, seguindo as instruções do software de corte. Dependendo da tecnologia utilizada, o material pode ser extrudido, sinterizado ou curado.
- Pós-processamento: Uma vez concluída a impressão, o objeto pode necessitar de pós-processamento, que pode incluir lixagem, pintura ou montagem de peças.

Existem vários métodos de impressão 3D, cada um com caraterísticas e aplicações específicas. O mais comum é o Fused Deposition Modeling (FDM), que utiliza filamentos termoplásticos que são fundidos e extrudidos através de um bocal aquecido. Este método é ideal para protótipos e peças funcionais devido ao seu baixo custo e facilidade de utilização (Baker, 2019). Outro método importante é a Estereolitografia (SLA), que utiliza uma resina líquida que é curada por um laser ultravioleta. A SLA é conhecida pela sua alta precisão e qualidade de superfície, o que a torna adequada para aplicações que requerem detalhes finos, como joalharia e modelos dentários (Chua & Leong, 2017).

A sinterização selectiva a laser (SLS) é um processo em que um laser é utilizado para sinterizar material em pó, fundindo as partículas para criar um objeto sólido. Este método permite a criação de peças complexas e funcionais e é comum na produção de protótipos e peças finais em indústrias como a automóvel e a aeroespacial (Gibson et al., 2015). Por fim, o Digital Light Processing (DLP) é semelhante ao SLA, mas utiliza um projetor digital para curar as resinas, o que permite imprimir camadas mais rapidamente, aumentando a eficiência da produção (Baker, 2019).

A impressão 3D tem uma vasta gama de aplicações em vários sectores. No domínio da prototipagem rápida, permite aos designers e fabricantes criar protótipos de produtos de forma rápida e económica, facilitando a iteração e a melhoria do design. Além disso, a impressão 3D permite a produção personalizada, adaptando-se às necessidades específicas dos utilizadores, desde próteses médicas a joalharia (Chua & Leong, 2017). Na construção, esta tecnologia é utilizada para criar componentes arquitectónicos e, em alguns casos, edifícios inteiros, o que pode reduzir o tempo e os custos de construção.

Figura 4

Ponte impressa em 3D

Fonte: Arcus global

A adoção da impressão 3D oferece inúmeras vantagens, incluindo:

- Redução de resíduos: ao utilizar apenas a quantidade de material necessária para criar um objeto, este método gera menos resíduos em comparação com os métodos tradicionais (Baker, 2019).
- Flexibilidade de design: A capacidade de criar geometrias complexas sem as limitações dos métodos de fabrico convencionais permite aos designers explorar novas ideias e conceitos (Chua & Leong, 2017).
- Poupança de tempo e custos: A impressão 3D pode reduzir significativamente os tempos de produção e os custos associados, especialmente na criação de protótipos e peças personalizadas (Gibson et al., 2015).

Apesar das suas vantagens, a impressão 3D enfrenta desafios que precisam de ser resolvidos. As limitações de materiais representam um obstáculo, uma vez que, embora estejam a ser desenvolvidos novos compósitos, a variedade de opções para a impressão 3D ainda é limitada em comparação com os métodos de fabrico tradicionais (Baker, 2019). Além disso, a falta de regulamentação específica para a impressão 3D em certas indústrias pode dificultar a sua adoção e utilização em aplicações críticas, como a medicina e a construção (Chua & Leong, 2017). Finalmente, garantir a qualidade e a consistência dos produtos impressos em 3D pode ser um desafio, especialmente na produção em massa (Gibson et al., 2015).

3.3 Aplicações actuais na construção

A impressão 3D começou a transformar o sector da construção, oferecendo soluções inovadoras que abordam desafios tradicionais como o custo, o tempo de construção e a sustentabilidade. À medida que a tecnologia avança, as suas aplicações estão a diversificar-se, permitindo a criação de estruturas complexas e personalizadas que anteriormente eram difíceis de alcançar. De seguida, apresentamos algumas das aplicações mais proeminentes da impressão 3D na construção.

3.3.1 Construção de habitações

Uma das aplicações mais notáveis da impressão 3D na construção é a criação de casas. Empresas como a ICON, sediada no Texas, desenvolveram impressoras 3D capazes de construir casas em tempo recorde. Em 2018, a ICON revelou o seu modelo "Vulcan", que pode imprimir uma casa em aproximadamente 24 horas, utilizando um material especial de betão. Esta abordagem não só reduz o tempo de construção, como também reduz significativamente os custos, com estimativas que indicam que uma casa pode custar apenas 10 000 dólares (Khoshnevis, 2018).

Figura 5

Casa construída pela empresa ICON a partir da impressão 3D

Fonte: Regan Morton Photography

Além disso, a empresa russa Apis Cor levou a cabo projectos semelhantes, construindo uma casa em apenas 24 horas num estaleiro em Moscovo. Utilizando uma impressora 3D gigante, a Apis Cor aplica uma mistura de materiais reciclados e cimento de secagem rápida, permitindo uma construção rápida e eficiente (Apis Cor, 2017). Estas iniciativas não só respondem à necessidade de habitação a preços acessíveis, como também oferecem soluções em situações de emergência, como as catástrofes naturais.

3.3.2 Infra-estruturas e obras públicas

A impressão 3D também está a ser utilizada para a construção de infra-estruturas, como pontes e canais. Em 2016, a primeira ponte pedonal impressa em 3D, concebida pela ACCIONA, foi inaugurada em Madrid. Esta ponte de 12 metros de comprimento foi construída utilizando uma impressora 3D que colocou material apenas onde era necessário, permitindo uma maior liberdade de conceção e uma redução na utilização de materiais (ACCIONA, 2016). Estes projectos demonstram como a impressão 3D pode ser utilizada para criar estruturas duráveis e esteticamente agradáveis, optimizando simultaneamente os recursos.

Outro exemplo é o canal impresso em 3D em Amesterdão, que foi criado utilizando uma impressora 3D especial conhecida como Kamermaker. Este dispositivo, que se assemelha a um braço robótico gigante, permitiu a construção de um canal de forma eficiente e precisa, mostrando o potencial da impressão 3D na criação de infra-estruturas urbanas.

Figura 5

Canal impresso em 3D no bairro da luz vermelha de Amesterdão

Fonte: Thijs Wolzak

3.3.3 Componentes arquitectónicos personalizados

A impressão 3D permite a criação de componentes arquitectónicos personalizados, oferecendo aos arquitectos e designers uma flexibilidade sem precedentes. Por exemplo, o gabinete de arquitetura SOM, em colaboração com o Oak

Ridge National Laboratory, desenvolveu uma casa verde impressa em 3D que incorpora painéis solares e sistemas de energia renovável. Este projeto não só demonstra a capacidade da impressão 3D para criar designs inovadores, como também destaca o seu potencial para contribuir para a sustentabilidade na construção (SOM, 2019).

A personalização de componentes arquitectónicos também se estende a elementos decorativos e funcionais, como corrimões, colunas e fachadas. A capacidade de impressão personalizada destes elementos permite aos projectistas experimentar formas e texturas que seriam difíceis de obter com os métodos de construção tradicionais.

Figura 6

Mobiliário urbano impresso em 3D

Fonte: El español

3.3.4 Prototipagem e modelação

A prototipagem rápida é outra área em que a impressão 3D tem tido um impacto significativo na construção. Os arquitectos e os designers podem criar modelos físicos dos seus projectos num período de tempo reduzido, facilitando a visualização e a avaliação dos projectos antes da construção efectiva. Isto não só poupa tempo, como também reduz os custos, permitindo ajustes nas fases iniciais do projeto (Khoshnevis, 2018).

Além disso, a impressão 3D permite a criação de modelos à escala que podem ser utilizados para apresentações a clientes ou para obter licenças de construção. Estas maquetas detalhadas ajudam a comunicar a visão do projeto de forma mais eficaz, o que pode ser crucial para a aprovação de projectos em ambientes regulamentados.

3.3.5 Sustentabilidade e redução de resíduos

A sustentabilidade é um aspeto fundamental da impressão 3D na construção. Ao utilizar apenas a quantidade de material necessária para criar um objeto, este método gera menos resíduos em comparação com os métodos de fabrico tradicionais. Além disso, muitas empresas estão a explorar a utilização de materiais reciclados e sustentáveis nas suas impressoras 3D, contribuindo para práticas de construção mais ecológicas (Apis Cor, 2017).

A capacidade da impressão 3D para otimizar a utilização de materiais e reduzir o tempo de construção também tem um impacto positivo na pegada de carbono dos projectos de construção. À medida que a indústria procura formas de se tornar mais sustentável, a impressão 3D apresenta-se como uma solução viável que pode ajudar a atingir estes objectivos.

3.4 Benefícios da impressão 3D na construção

A impressão 3D surgiu como uma tecnologia revolucionária numa série de indústrias, e a construção não é exceção. Este método de fabrico aditivo oferece múltiplas vantagens que podem transformar a forma como as estruturas são concebidas e construídas. Eis alguns dos benefícios mais significativos da impressão 3D na construção.

Um dos benefícios mais significativos da impressão 3D na construção é a redução de custos. Esta abordagem permite que seja utilizada apenas a quantidade necessária de material, minimizando o desperdício e reduzindo assim os custos associados à compra e armazenamento de materiais. A investigação indica que a impressão 3D pode reduzir os custos de construção em 30-60% em comparação com os métodos tradicionais (Khoshnevis, 2018). Além disso, ao automatizar o processo, os custos de mão de obra podem ser significativamente reduzidos, representando poupanças adicionais para os empreiteiros. A combinação destes factores torna a impressão 3D uma opção atractiva para projectos de construção, especialmente num contexto em que a economia e a eficiência são essenciais. Esta abordagem não só beneficia os construtores, como também tem o potencial de tornar a habitação mais acessível para as comunidades com baixos rendimentos, contribuindo assim para resolver a crise da habitação em muitas áreas.

A impressão 3D permite que os projectos de construção sejam concluídos num período de tempo significativamente mais curto do que os métodos convencionais. Enquanto a construção tradicional pode demorar meses ou mesmo anos, a impressão 3D pode concluir estruturas numa questão de dias ou mesmo horas, dependendo da complexidade do projeto. Por exemplo, algumas casas impressas em 3D foram construídas em menos de 24 horas (Apis Cor, 2017). Esta velocidade não só beneficia os construtores, como também permite que os proprietários ocupem as suas novas casas mais rapidamente, o que é especialmente valioso em situações de emergência ou catástrofes naturais. A capacidade de acelerar o processo de construção não só melhora a eficiência, como também pode resultar num fluxo de receitas mais rápido para os empreiteiros, o que é crucial num mercado competitivo. Num mundo em que a rapidez e a eficiência são cada vez mais valorizadas, a impressão 3D apresenta-se como uma solução viável e atractiva.

A sustentabilidade é um aspeto fundamental da construção moderna e a impressão 3D dá um contributo significativo para esse objetivo. Este método gera menos resíduos em comparação com a construção tradicional, onde são frequentemente produzidas grandes quantidades de resíduos devido ao corte e aos restos de materiais. A impressão 3D utiliza apenas o material necessário, o que pode resultar numa redução de até 60% dos resíduos gerados no local de construção (Cemex Ventures, 2021). Além disso, muitas empresas estão a explorar a utilização de materiais reciclados e sustentáveis nas suas impressoras 3D, contribuindo ainda mais para a sustentabilidade do processo. A capacidade de otimizar a utilização de materiais não só ajuda a proteger o ambiente, como também pode reduzir os custos operacionais dos projectos. À medida que o sector da construção procura formas de ser mais ecológico, a impressão 3D posiciona-se como uma solução viável que pode contribuir para práticas de construção mais responsáveis.

A segurança no local de trabalho é uma preocupação constante no sector da construção, e a impressão 3D pode ajudar a melhorá-la. Este método reduz a necessidade de os trabalhadores executarem tarefas perigosas no estaleiro de construção. Ao automatizar o processo, as interações humanas com maquinaria pesada são minimizadas e os riscos de lesões são reduzidos (Cemex Ventures, 2021). A utilização de impressoras 3D permite que muitas tarefas sejam realizadas em ambientes controlados, o que também reduz a exposição a condições climatéricas adversas. A melhoria da segurança não só protege os trabalhadores, como também pode resultar em custos mais baixos associados a acidentes de trabalho. Numa indústria onde a segurança é fundamental, a impressão 3D apresenta-se como uma alternativa que não só optimiza a eficiência, como também dá prioridade ao bem-estar dos trabalhadores.

3.5 Desafios e limitações

3.5.1 Limitações materiais

A impressão 3D abriu novas possibilidades na construção, mas um dos principais desafios que enfrenta é a gama limitada de materiais disponíveis. Embora tenham sido criados betões e plásticos específicos para a impressão 3D, a gama de opções ainda é restrita em comparação com os métodos de construção tradicionais. Atualmente, os materiais utilizados na impressão 3D têm de cumprir requisitos técnicos específicos, como a capacidade de fluir através do bocal de impressão e de curar adequadamente para formar estruturas sólidas.

O betão utilizado na impressão 3D contém frequentemente aditivos especiais para melhorar a sua trabalhabilidade e tempo de presa. No entanto, estas misturas podem comprometer algumas propriedades mecânicas, como a resistência à compressão ou a durabilidade a longo prazo. Este facto suscita preocupações quanto à qualidade e segurança das estruturas construídas com estes materiais. A investigação e o desenvolvimento de novos materiais especificamente para a impressão 3D requerem um esforço significativo em termos de tempo, financiamento e recursos humanos, o que limita a capacidade de inovação neste domínio (Khoshnevis, 2018).

Além disso, os materiais disponíveis devem ser compatíveis com as impressoras 3D e as suas tecnologias. Por exemplo, a maioria das impressoras 3D de construção utiliza processos de extrusão, que exigem que o material tenha propriedades reológicas adequadas para fluir e ser modelado corretamente. Isto significa que nem todos os tipos de betão ou plásticos podem ser utilizados sem modificações. A necessidade de desenvolver novos compósitos que mantenham a resistência e a durabilidade, ao mesmo tempo que são adequados para a impressão 3D, é um desafio constante.

Outro aspeto a considerar é a sustentabilidade dos materiais. A indústria da construção está a enfrentar pressões crescentes para reduzir a sua pegada de carbono e utilizar materiais mais amigos do ambiente. A maioria dos betões utilizados na impressão 3D são derivados de recursos não renováveis, o que levanta questões sobre a sua sustentabilidade a longo prazo. A procura de materiais alternativos, como betões reciclados ou à base de biomassa, é fundamental para que a impressão 3D na construção se alinhe com as iniciativas globais de sustentabilidade.

Por último, a investigação sobre o comportamento a longo prazo dos materiais impressos em 3D está ainda a dar os primeiros passos. São necessários mais estudos para compreender a forma como estes materiais respondem ao envelhecimento, à exposição a condições ambientais adversas e a factores mecânicos como a carga. A falta de dados a longo prazo sobre a durabilidade destes materiais pode limitar a confiança na sua utilização em edifícios permanentes.

Em resumo, embora a impressão 3D tenha o potencial de transformar a construção, as limitações dos materiais constituem um desafio significativo que tem de ser resolvido. A necessidade de desenvolver novos compósitos que sejam adequados à impressão, sustentáveis e que cumpram as normas de qualidade e durabilidade é crucial para o futuro desta tecnologia no sector da construção.

3.5.2 Normas e regulamentos

A falta de normas e regulamentos claros é um desafio crítico para a impressão 3D na construção. O sector da construção está altamente regulamentado para garantir a segurança, a qualidade e a integridade dos edifícios. No entanto, a introdução de tecnologias emergentes, como a impressão 3D, levanta questões sobre a forma como estes regulamentos se aplicam aos novos métodos de construção.

Os regulamentos existentes não são frequentemente concebidos para abordar as especificidades da impressão 3D. Por exemplo, os regulamentos que regem a resistência estrutural, a segurança contra incêndios e a eficiência energética podem não abordar os métodos de fabrico aditivo. Isto pode levar a incertezas jurídicas e à resistência dos reguladores, que podem estar relutantes em aprovar projectos que utilizem tecnologias não comprovadas ou mal compreendidas (PlanRadar, 2021).

Além disso, a falta de normas específicas para os materiais utilizados na impressão 3D pode complicar ainda mais a situação. Sem normas claras, os empreiteiros e arquitectos podem ter dificuldade em garantir que os materiais utilizados cumprem os requisitos necessários para uma construção segura. Isto pode resultar numa falta de confiança na tecnologia por parte dos clientes e das autoridades, o que, por sua vez, pode abrandar a adoção da impressão 3D em projectos de construção.

Outro aspeto a considerar é a variabilidade dos regulamentos em diferentes regiões e países. Em alguns locais, a impressão 3D na construção pode estar mais avançada e ter um quadro regulamentar mais desenvolvido, enquanto noutros pode estar completamente ausente. Esta disparidade pode criar um ambiente competitivo desigual, em que as empresas que operam em regiões com regulamentos mais flexíveis podem avançar mais rapidamente do que as que operam em áreas onde os regulamentos são mais restritivos.

Para enfrentar estes desafios, é essencial que a indústria colabore com os organismos reguladores para desenvolver regulamentos que acomodem as tecnologias de impressão 3D. Isto inclui a criação de normas que avaliem a segurança, a qualidade e o desempenho das estruturas impressas. A colaboração entre engenheiros, arquitectos, fabricantes de materiais e reguladores é essencial para estabelecer um quadro regulamentar que incentive a inovação, garantindo simultaneamente a segurança e a qualidade na construção.

Em conclusão, a falta de normas e regulamentos claros é um obstáculo significativo à adoção da impressão 3D na construção. A resolução deste desafio é crucial para permitir que esta tecnologia evolua e seja implementada de forma segura e eficaz no sector, contribuindo para um futuro mais inovador e sustentável na construção.

3.5.3 Custos iniciais e acessibilidade

Embora a impressão 3D prometa reduzir os custos a longo prazo na construção, os custos de investimento inicial em tecnologia e equipamento podem ser proibitivos para muitas empresas, especialmente as pequenas e médias. As impressoras 3D de grande escala, juntamente com materiais especializados, requerem um investimento significativo que pode não ser viável para todos os empreiteiros. Este desafio financeiro limita a adoção desta tecnologia inovadora na construção.

As impressoras 3D específicas para a construção são dispendiosas, e o custo inclui não só a compra do equipamento, mas também a sua instalação, manutenção e funcionamento. As empresas têm de considerar a formação do pessoal para operar estas máquinas, bem como a aprendizagem do software especializado necessário para conceber e preparar modelos para impressão. Esta formação representa um custo adicional que muitas empresas poderão não estar dispostas ou não ter capacidade para suportar (Cemex Ventures, 2021).

Além disso, os custos dos materiais utilizados na impressão 3D podem também ser mais elevados do que os dos materiais convencionais. Embora se espere que, com o tempo, a produção de materiais específicos para a impressão 3D seja optimizada e os custos reduzidos, muitos destes materiais são atualmente mais caros devido à sua natureza especializada e aos processos de fabrico necessários.

O investimento inicial pode dissuadir as pequenas e médias empresas de explorar a impressão 3D, o que, por sua vez, limita a concorrência e a inovação no sector. Sem acesso a esta tecnologia, estas empresas podem perder oportunidades de melhorar os seus processos de construção e oferecer soluções mais eficientes e sustentáveis.

Para ultrapassar este obstáculo, é essencial que sejam desenvolvidos modelos de negócio que permitam às empresas partilhar recursos e reduzir custos. Por exemplo, as empresas podem considerar parcerias para a compra de impressoras 3D e materiais, ou explorar opções de financiamento que facilitem o investimento inicial. Além disso, as iniciativas de investigação e desenvolvimento financiadas por parcerias governamentais ou industriais podem ajudar a reduzir os encargos financeiros da adoção desta tecnologia.

É também essencial sensibilizar para os benefícios a longo prazo da impressão 3D na construção. Embora os custos iniciais possam ser elevados, a redução dos custos de mão de obra e de materiais no futuro, juntamente com a capacidade de minimizar os resíduos, pode resultar em poupanças significativas ao longo do tempo. Ao educar as empresas sobre estes benefícios, é possível incentivar uma maior aceitação e exploração da impressão 3D no sector da construção.

Em resumo, os custos iniciais e a acessibilidade são desafios significativos para a adoção da impressão 3D na construção. Para ultrapassar estes obstáculos, será necessária uma abordagem colaborativa que envolva parcerias estratégicas, modelos de negócio inovadores e uma maior educação sobre os benefícios a longo prazo desta tecnologia.

3.5.4 Escalabilidade

A escalabilidade é um dos desafios mais relevantes na aplicação da impressão 3D na construção. Embora tenham sido feitos progressos significativos na criação de estruturas de pequena e média dimensão, a impressão de edifícios de grande escala continua a ser um desafio considerável. À medida que os projectos se tornam maiores e mais complexos, as impressoras 3D são obrigadas a lidar com grandes volumes de material e a funcionar de forma eficiente, o que coloca desafios técnicos e logísticos.

As impressoras 3D para construção têm de ser capazes de imprimir grandes quantidades de material num período de tempo razoável, o que pode ser complicado. A velocidade de impressão é um fator crítico; se as impressoras não conseguirem produzir componentes a um ritmo adequado, isso pode levar a atrasos no projeto e a um aumento dos custos. Além disso, a logística da impressão 3D em grande escala implica a necessidade de um espaço significativo no estaleiro de construção, bem como a coordenação da entrega de materiais e a gestão do tempo de secagem e cura (Khoshnevis, 2018).

Outro aspeto da escalabilidade é a capacidade de as impressoras se adaptarem a diferentes designs e especificações. A personalização dos desenhos é uma das vantagens da impressão 3D, mas também pode complicar o processo de produção em grande escala. Cada desenho pode exigir ajustes na configuração da impressora e no tipo de material utilizado, o que pode afetar a eficiência global do processo.

A integração da impressão 3D na cadeia de fornecimento de construção existente também apresenta desafios. A transição dos métodos de construção tradicionais para a impressão 3D requer alterações no planeamento e execução de projectos, o que pode ser complicado para as empresas que utilizam técnicas convencionais há anos. A falta de experiência na gestão de projectos de impressão 3D pode levar a erros e atrasos, o que reforça o domínio dos métodos tradicionais em projectos de grande escala.

Para enfrentar estes desafios, é essencial desenvolver tecnologias de impressão 3D mais eficientes e adaptáveis a projectos de grande escala. Isto pode incluir a criação de impressoras 3D de maiores dimensões que possam lidar com maiores volumes de material e que tenham a capacidade de funcionar de forma mais rápida e eficaz. É também importante promover a colaboração entre os intervenientes da indústria para partilhar conhecimentos e melhores práticas em projectos de impressão 3D em grande escala.

Em conclusão, a escalabilidade da impressão 3D é um desafio crítico que tem de ser ultrapassado para que esta tecnologia possa competir eficazmente com os métodos de construção tradicionais em projectos de grande escala. À medida que forem sendo desenvolvidas soluções inovadoras e eficientes, é provável que a impressão 3D se torne uma opção viável e eficaz para uma gama mais vasta de aplicações de construção.

3.5.5 Perceção do mercado

A perceção do mercado sobre a impressão 3D na construção pode ser um obstáculo significativo à sua adoção. Muitos profissionais do sector e potenciais clientes podem estar cépticos quanto à qualidade e segurança das estruturas impressas em 3D. Esta desconfiança pode ter por base a falta de exemplos de sucesso e a experiência limitada na utilização desta tecnologia, levando a dúvidas sobre a sua viabilidade e eficácia (PlanRadar, 2021).

As percepções negativas podem ser alimentadas por uma falta de informação clara e acessível sobre os benefícios e capacidades da impressão 3D. Muitos agentes do sector podem não estar familiarizados com os aspectos técnicos da impressão 3D, o que pode levar a mal-entendidos sobre a sua aplicabilidade e desempenho. Para ultrapassar este desafio, são essenciais campanhas de educação e sensibilização que informem os profissionais da construção sobre os benefícios da impressão 3D, bem como histórias de sucesso na sua implementação.

A falta de exemplos tangíveis de projectos bem sucedidos também contribui para a perceção negativa. À medida que mais projectos de construção são concluídos utilizando a impressão 3D, é crucial documentar e partilhar estas histórias de sucesso. A apresentação de estudos de caso que demonstrem a qualidade, segurança e eficiência das estruturas impressas em 3D pode ajudar a criar confiança no mercado e incentivar a adoção desta tecnologia.

Além disso, a colaboração com organismos reguladores e de normalização pode ajudar a aumentar a confiança na impressão 3D. Se as autoridades reguladoras reconhecerem e aprovarem projectos de construção impressos em 3D, isso pode ajudar a validar a tecnologia e a reduzir a perceção de risco associada à sua utilização.

Outro aspeto importante é a relação entre arquitectos, engenheiros e empreiteiros. A comunicação e colaboração entre estes profissionais é essencial para garantir que as capacidades e limitações da impressão 3D são compreendidas. Ao trabalharem em conjunto em projectos que incorporam esta tecnologia, podem partilhar conhecimentos e experiências, o que pode ajudar a construir uma base de confiança e encorajar uma maior aceitação da impressão 3D no mercado.

Em suma, a perceção do mercado sobre a impressão 3D na construção pode ser uma barreira significativa à adoção. Para ultrapassar este desafio, é fundamental educar os profissionais do sector, partilhar histórias de sucesso e promover a colaboração entre os intervenientes do sector. Ao longo do tempo, à medida que a impressão 3D demonstra a sua eficácia e segurança em projectos reais, é provável que a perceção do mercado evolua, abrindo a porta a uma maior aceitação e utilização desta tecnologia na construção.

3.5.6 Desafios técnicos

Os desafios técnicos associados à impressão 3D na construção são variados e complexos. A precisão na impressão, o controlo de qualidade e a gestão dos tempos de secagem e cura dos materiais são aspectos críticos que requerem uma atenção cuidada. Cada um destes factores pode influenciar significativamente o resultado final de um projeto de construção e, se não for devidamente gerido, pode resultar em defeitos estruturais que comprometem a integridade do edifício (Cemex Ventures, 2021).

A precisão na impressão é fundamental para garantir que as estruturas cumprem os desenhos especificados. Os desvios nas dimensões e na geometria podem levar a problemas de alinhamento e ajuste durante a montagem. Isto torna-se especialmente problemático em grandes projectos, onde a tolerância dimensional é crucial para a estabilidade estrutural. Por conseguinte, é essencial garantir que as impressoras 3D são calibradas corretamente e que são utilizadas técnicas de controlo de qualidade durante todo o processo de impressão.

O controlo de qualidade é também um aspeto vital da impressão 3D. Uma vez que o processo de impressão é efectuado em tempo real, é difícil monitorizar cada passo para garantir que não existem defeitos. A implementação de sistemas de monitorização em tempo real que possam detetar anomalias durante o processo de impressão pode ajudar a mitigar este desafio. Além disso, os testes de qualidade dos materiais utilizados, bem como dos componentes impressos, são essenciais para garantir o cumprimento das normas de segurança e desempenho.

A gestão dos tempos de secagem e cura dos materiais é outro desafio técnico significativo. Diferentes materiais requerem diferentes condições de cura para atingirem as suas propriedades óptimas. A variabilidade das condições ambientais, como a temperatura e a humidade, pode afetar o desempenho dos materiais, complicando ainda mais o processo. A falta de controlo sobre estas condições pode levar à formação de fissuras e outros defeitos estruturais, o que, por sua vez, pode comprometer a durabilidade da estrutura final.

Além disso, a complexidade dos projectos arquitectónicos que podem ser realizados através da impressão 3D pode colocar desafios técnicos. Embora a tecnologia permita a criação de formas e estruturas inovadoras, estas complexidades podem exigir um maior conhecimento técnico e experiência de conceção para garantir que as estruturas são viáveis e seguras.

Em resumo, os desafios técnicos da impressão 3D para a construção são múltiplos e requerem uma abordagem meticulosa e bem planeada para garantir o êxito dos projectos. A implementação de sistemas de controlo de qualidade, a gestão cuidadosa dos tempos de cura e a atenção à precisão são essenciais para ultrapassar estes obstáculos e garantir que a impressão 3D é utilizada eficazmente na construção.

3.5.7 Integração com métodos de construção tradicionais

A integração da impressão 3D com os métodos de construção tradicionais representa um desafio significativo na adoção desta tecnologia. A transição para a adoção de novas tecnologias requer alterações aos processos existentes, o que pode ser complicado para as empresas que utilizam métodos convencionais há anos. A resistência à mudança é um fenómeno comum na indústria da construção, onde a familiaridade com os métodos tradicionais pode dificultar a aceitação de inovações como a impressão 3D (PlanRadar, 2021).

Um dos principais obstáculos à integração é a falta de interoperabilidade entre as ferramentas de projeto utilizadas na construção tradicional e as impressoras 3D. Muitas empresas utilizam software específico para o planeamento e conceção de edifícios que pode não ser compatível com as plataformas de impressão 3D. Esta falta de compatibilidade pode levar a erros na transferência de dados e complicar o processo de conceção e impressão, dificultando a implementação efectiva da impressão 3D nos projectos.

Além disso, as empresas de construção podem não ter os conhecimentos necessários para gerir projectos que incorporem a impressão 3D. A falta de pessoal com formação na operação de impressoras 3D e na compreensão dos processos de fabrico aditivo pode limitar a capacidade das empresas para adoptarem esta tecnologia de forma eficaz. A formação do pessoal é essencial para garantir que as capacidades e limitações da impressão 3D são compreendidas, bem como para maximizar o seu potencial em projectos de construção.

Outro desafio é a necessidade de modificar as cadeias de abastecimento existentes. A impressão 3D pode reduzir a necessidade de materiais e componentes pré-fabricados, o que pode afetar os fornecedores que dependem do fabrico tradicional. A adaptação das cadeias de abastecimento a uma abordagem de impressão 3D exigirá a colaboração e o envolvimento de várias partes interessadas no sector da construção.

Para facilitar a integração da impressão 3D com os métodos de construção tradicionais, é essencial desenvolver soluções que promovam a interoperabilidade entre diferentes plataformas e ferramentas. Isto pode incluir a criação de normas e protocolos de dados que facilitem a comunicação entre as diferentes partes do processo de construção. Além disso, a promoção da colaboração entre arquitectos, engenheiros, empreiteiros e fornecedores pode ajudar a construir uma compreensão mais profunda da forma como a impressão 3D pode ser utilizada em combinação com os métodos tradicionais.

Em conclusão, a integração da impressão 3D com os métodos de construção tradicionais representa um desafio complexo que tem de ser resolvido para permitir uma maior adoção desta tecnologia.

3.6 O futuro da impressão 3D na construção

A impressão 3D surgiu como uma tecnologia revolucionária na construção, prometendo transformar a forma como os edifícios são projectados e construídos. Este processo, também conhecido como fabrico aditivo, permite a criação de estruturas complexas através da colocação de material em camadas, oferecendo uma série de vantagens em relação aos métodos de construção tradicionais. À medida que a tecnologia avança, estão a surgir novas oportunidades e desafios que irão definir o futuro da impressão 3D na construção.

Um dos aspectos mais proeminentes da impressão 3D na construção é a sua capacidade de reduzir os custos e os tempos de produção. De acordo com um estudo recente, a impressão 3D pode diminuir significativamente o tempo de construção, permitindo que as estruturas sejam erguidas numa questão de dias em vez de meses

(Khoshnevis, 2018). Isto não só acelera o processo de construção, como também reduz os custos de mão de obra e de material, o que pode tornar a habitação mais acessível para muitas pessoas.

Além disso, a impressão 3D permite uma maior personalização do design arquitetónico. Os arquitectos e designers podem criar formas e estruturas que seriam difíceis ou impossíveis de alcançar com métodos de construção convencionais. Este facto traduz-se numa maior liberdade criativa e na capacidade de conceber edifícios que se integrem melhor na sua envolvente (Garcia et al., 2020). A capacidade de produzir componentes personalizados pode também melhorar a eficiência energética dos edifícios, uma vez que os elementos podem ser concebidos para otimizar a luz e a ventilação naturais.

No entanto, apesar das suas muitas vantagens, a impressão 3D na construção enfrenta vários desafios. Um dos principais obstáculos é a regulamentação. O sector da construção é altamente regulamentado e a introdução de novas tecnologias, como a impressão 3D, exige a adaptação dos regulamentos existentes. Isto pode abrandar a adoção da tecnologia, uma vez que os legisladores têm de garantir que as estruturas impressas cumprem as normas de segurança e qualidade (Zhang, 2021). Além disso, a falta de normas claras para os materiais utilizados na impressão 3D pode levar à incerteza no mercado.

Outro desafio significativo é a necessidade de formação especializada. A impressão 3D na construção exige não só conhecimentos técnicos sobre o funcionamento das impressoras, mas também um conhecimento profundo dos materiais e do seu comportamento. A formação de profissionais qualificados nesta tecnologia é essencial para o sucesso da sua implementação em projectos de construção. No entanto, a educação neste domínio ainda está em desenvolvimento, o que pode limitar a disponibilidade de mão de obra qualificada (Cemex Ventures, 2021).

À medida que a tecnologia avança, estão também a ser exploradas novas aplicações da impressão 3D na construção. Por exemplo, estão a ser desenvolvidas técnicas para imprimir estruturas utilizando materiais sustentáveis, como bioplásticos e betão reciclado. Isto não só reduz o impacto ambiental da construção, como também promove a economia circular através da reutilização de materiais que, de outra forma, seriam deitados fora. A integração da impressão 3D com outras tecnologias emergentes, como a inteligência artificial e a robótica, poderá também melhorar a eficiência e a precisão na construção.

Em resumo, o futuro da impressão 3D na construção é promissor, com o potencial de transformar significativamente o sector. À medida que os desafios actuais são ultrapassados e novas aplicações são desenvolvidas, é provável que se assista a um aumento da adoção desta tecnologia. A combinação de redução de custos, personalização do design e sustentabilidade poderá tornar a impressão 3D uma opção atractiva para o futuro da construção.

CAPÍTULO 4

BIM

4.1 Introdução ao BIM

A Modelação da Informação da Construção (BIM) é uma abordagem revolucionária na arquitetura, engenharia e construção que transforma a forma como os edifícios e as infra-estruturas são concebidos, construídos e geridos. Na sua essência, o BIM não se refere apenas a um software ou ferramenta, mas a um processo de colaboração que integra e gere a informação ao longo do ciclo de vida de um projeto. Desde o planeamento inicial até à demolição, o BIM fornece um modelo digital detalhado que inclui não só a geometria física do edifício, mas também dados sobre materiais, custos, calendários e desempenho energético.

Figura 7

Fonte: Estudo sobre o aço.

A evolução do BIM tem sido notável. Embora os conceitos de modelação tridimensional na construção remontem à década de 1970, foi na década de 1990 que o termo "BIM" começou a ganhar popularidade. Inicialmente, centrava-se na criação de modelos 3D estáticos; no entanto, com o avanço da tecnologia, o BIM evoluiu para um ambiente dinâmico e colaborativo, em que várias disciplinas podem trabalhar simultaneamente num único modelo. Este avanço foi impulsionado pelo desenvolvimento de software mais sofisticado e pela necessidade crescente de melhorar a eficiência e reduzir os custos numa indústria conhecida pela sua complexidade.

Uma comparação entre os métodos tradicionais de projeto e construção e a abordagem BIM evidencia várias diferenças fundamentais. Nos métodos tradicionais, as equipas trabalham muitas vezes em silos, o que significa que os arquitectos, engenheiros e empreiteiros desenvolvem frequentemente os seus projectos separadamente. Isto pode levar a problemas de comunicação, conflitos de projeto e, em última análise, atrasos e custos excessivos. Os desenhos bidimensionais são frequentemente mal interpretados, o que pode resultar em erros dispendiosos durante a construção.

Em contrapartida, a abordagem BIM incentiva a colaboração desde o início. Todas as partes interessadas podem aceder a um modelo centralizado, permitindo-lhes visualizar o projeto em três dimensões e fazer alterações em tempo real. Isto não só melhora a comunicação, como também facilita a deteção de interferências antes do início da construção. Além disso, a utilização de dados integrados permite um planeamento mais eficaz e uma gestão mais precisa do ciclo de vida do edifício.

Em suma, o BIM representa uma mudança radical na forma como a construção é abordada, oferecendo uma abordagem mais colaborativa, eficiente e sustentável em comparação com os métodos tradicionais. Com a sua capacidade de integrar informação e facilitar a comunicação, o BIM está a transformar a indústria, preparando-a para enfrentar os desafios do futuro.

4.2 Componentes do BIM

O Building Information Modeling (BIM) é uma metodologia que transformou a forma como os edifícios e outras infra-estruturas são projectados, construídos e geridos. Esta metodologia baseia-se na criação de modelos digitais que integram tanto a geometria como a informação associada aos elementos do projeto. De seguida, serão explorados os componentes do BIM, a importância dos modelos 3D, os dados associados aos elementos do modelo e as ferramentas de software mais utilizadas nesta metodologia.

Os componentes do BIM incluem modelos 3D, dados e informações ligados aos elementos do modelo e ferramentas de software que facilitam a criação e a gestão desses modelos. Cada um destes componentes desempenha um papel crucial no ciclo de vida de um projeto de construção.

4.2.1 Modelos 3D e a sua importância

Os modelos 3D são o núcleo do BIM. Ao contrário dos modelos 2D tradicionais, que representam apenas a geometria de um edifício, os modelos 3D em BIM integram informações adicionais que são essenciais para o planeamento e execução do projeto. Estas informações podem incluir pormenores sobre materiais, custos, desempenho energético e muito mais.

- Visualização e compreensão: Os modelos 3D permitem que os arquitectos e outros profissionais visualizem o projeto num ambiente tridimensional. Isto não só melhora a compreensão do projeto, como também facilita a identificação de potenciais problemas antes do início da construção. A capacidade de visualizar o projeto de diferentes ângulos e em diferentes fases de desenvolvimento é fundamental para uma tomada de decisão informada (Eastman et al., 2011).

- Deteção de conflitos: Uma das vantagens mais significativas dos modelos 3D é a sua capacidade de detetar interferências entre diferentes sistemas, tais como estruturas, sistemas eléctricos e de canalização. A utilização de software que permite a sobreposição de modelos de diferentes disciplinas ajuda a identificar e a resolver problemas de projeto antes de estes se tornarem erros dispendiosos durante a construção (Korman, 2010).
- Simulação e análise: Os modelos 3D também permitem simulações e análises de desempenho, tais como estudos de iluminação e análises energéticas. Estas simulações são cruciais para otimizar o projeto e garantir que o edifício cumpre as normas de sustentabilidade e eficiência energética (Azhar, 2011).
- Documentação integrada: Os modelos 3D em BIM não servem apenas como representações visuais, mas estão também ligados à documentação do projeto. Isto significa que quaisquer alterações feitas ao modelo são automaticamente reflectidas nos documentos associados, como desenhos e especificações. Esta integração reduz a possibilidade de erros e garante que todos os membros da equipa trabalham com a informação mais actualizada (Sacks et al., 2010).

4.2.2 Dados e informações ligados aos elementos do modelo

O BIM não se limita à representação visual; baseia-se também na integração de dados e informações ligados a cada elemento do modelo. Esta informação é crucial para uma gestão eficiente do projeto e para a tomada de decisões informadas.

Informação do elemento: Cada componente do modelo 3D está associado a dados específicos que descrevem as suas caraterísticas, tais como dimensões, materiais, custos e desempenho. Por exemplo, uma janela no modelo não será apenas representada visualmente, mas também incluirá informações sobre o seu tipo, tamanho, eficiência energética e custo. Esta riqueza de dados permite que as equipas de projeto realizem análises detalhadas e tomem decisões com base em informações precisas (Bynum et al., 2013).

Gestão do ciclo de vida: A informação associada aos elementos do modelo é fundamental para a gestão do ciclo de vida do edifício. Desde o planeamento e a construção até à exploração e manutenção, o BIM proporciona um quadro para a gestão de todos os aspectos do projeto. Os dados de manutenção dos sistemas mecânicos e eléctricos podem ser utilizados para programar intervenções e otimizar o desempenho ao longo do tempo (Kiviniemi et al., 2012).

Colaboração e comunicação: A capacidade de partilhar informações detalhadas e actualizadas entre todos os membros da equipa é uma das caraterísticas mais valiosas do BIM. Os dados ligados aos elementos do modelo facilitam a colaboração entre arquitectos, engenheiros e empreiteiros, garantindo que todos trabalham com a mesma informação e reduzindo o risco de mal-entendidos e erros (Chong et al., 2017).

Análise de custos e orçamentação: A integração de dados no modelo também permite análises de custos mais exactas. Ao associar informações sobre materiais e quantidades diretamente ao modelo, as equipas podem gerar estimativas de custos mais fiáveis e acompanhar o orçamento ao longo do projeto. Isto é especialmente útil na fase de planeamento, em que estimativas precisas podem fazer a diferença entre o sucesso e o fracasso do projeto (Tzortzopoulos et al., 2011).

4.2.3 Software e ferramentas BIM mais utilizados

A utilização de software especializado é essencial para implementar o BIM de forma eficaz. Existem várias ferramentas no mercado que permitem aos profissionais da construção criar e gerir modelos BIM. Algumas das mais utilizadas incluem:

1. Revit: Desenvolvido pela Autodesk, o Revit é uma das ferramentas mais populares para a modelação BIM. Permite aos utilizadores projetar com elementos paramétricos de desenho e modelação, facilitando a criação de modelos 3D detalhados que integram informações sobre elementos de construção. O Revit também permite a colaboração em tempo real entre diferentes disciplinas, o que melhora a coordenação do projeto (Eastman et al., 2011).

2. Navisworks: Esta ferramenta é particularmente útil para a revisão e coordenação de modelos. O Navisworks permite aos utilizadores combinar modelos de diferentes disciplinas num único ambiente, facilitando a deteção de conflitos e o planeamento da construção. A sua capacidade de realizar simulações de construção e análises de tempo torna-o uma ferramenta valiosa para a gestão de projectos (Korman, 2010).

3. ArchiCAD: Desenvolvido pela Graphisoft, o ArchiCAD é outra ferramenta popular no domínio da BIM. Oferece uma abordagem intuitiva ao projeto de arquitetura e permite aos utilizadores criar modelos 3D de forma eficiente. O ArchiCAD também inclui ferramentas de colaboração e gestão de dados, o que o torna uma escolha sólida para as equipas de projeto (Bynum et al., 2013).

4. Tekla Structures: Esta ferramenta centra-se na modelação estrutural e é amplamente utilizada na engenharia civil e na construção. A Tekla permite aos utilizadores criar modelos detalhados de estruturas de aço e betão, integrando informações sobre materiais e custos. A sua capacidade de gerir o ciclo de vida da construção torna-a particularmente valiosa para projectos complexos (Azhar, 2011).

5. Dynamo: Embora não seja um software de modelação propriamente dito, o Dynamo é um suplemento para o Revit que permite a programação visual. Os utilizadores podem criar algoritmos personalizados para automatizar tarefas e gerar geometrias complexas, alargando as capacidades do Revit e melhorando a eficiência do projeto (Sacks et al., 2010).

4.3 Vantagens do BIM

A metodologia Building Information Modelling (BIM) transformou a forma como os projectos de construção são geridos, oferecendo vantagens significativas que se repercutem na colaboração entre disciplinas, na redução de erros e conflitos, bem como na poupança de tempo e de custos ao longo do ciclo de vida do projeto.

Uma das principais vantagens do BIM é a melhoria da colaboração entre disciplinas. Esta metodologia permite que arquitectos, engenheiros e empreiteiros trabalhem num ambiente digital comum, onde a informação é partilhada e actualizada em tempo real. Esta abordagem colaborativa não só facilita a comunicação, como também promove uma coordenação mais eficaz entre as diferentes equipas envolvidas no projeto. De acordo com Eastman et al. (2011), o trabalho simultâneo num modelo digital permite aos profissionais identificar e resolver problemas precocemente, o que reduz significativamente o risco de conflitos durante a fase de construção. A integração de diferentes disciplinas num único modelo também incentiva a criação de funções específicas, como o coordenador BIM, que é responsável por gerir a informação e garantir que todos os elementos do projeto estão alinhados.

A redução de erros e conflitos é outra vantagem fundamental do BIM. A capacidade de detetar interferências entre diferentes sistemas de construção antes do início da construção é fundamental para evitar retrabalhos dispendiosos. Ferramentas como o Navisworks permitem análises detalhadas que identificam potenciais problemas, como a sobreposição de elementos estruturais e de instalações, permitindo às equipas resolver estes conflitos na fase de projeto e não no local de construção (Korman, 2010). Esta deteção precoce não só minimiza os erros, como também melhora a qualidade do projeto final, uma vez que podem ser feitos ajustes e optimizações antes de os problemas se materializarem.

Além disso, a utilização do BIM contribui para a poupança de tempo e de custos ao longo do ciclo de vida do projeto. A capacidade de gerar estimativas precisas e de acompanhar os custos em tempo real permite às equipas de projeto gerir melhor os seus recursos. Ao ligar a informação sobre os custos diretamente ao modelo, as variações podem ser rapidamente identificadas e o orçamento ajustado conforme necessário (Azhar, 2011). Isto é especialmente benéfico na fase de planeamento, em que uma estimativa precisa pode fazer a diferença entre o sucesso e o fracasso do projeto. Além disso, a automatização dos processos e a redução dos erros de documentação também contribuem para uma execução mais eficiente, resultando numa redução do tempo de construção e, consequentemente, em poupanças significativas nos custos operacionais.

Figura 8

Metodologia BIM no ciclo de vida de um edifício.

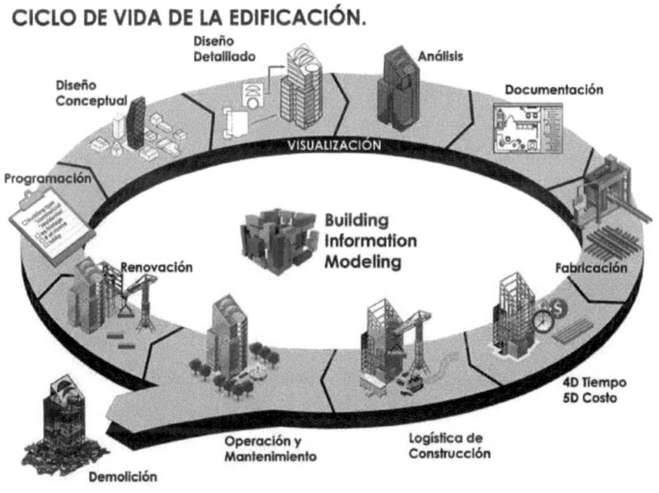

Fonte: Espaço BIM.

Em suma, o BIM não só melhora a colaboração entre as disciplinas, como também reduz os erros e os conflitos através da deteção de interferências, o que, por sua vez, permite poupar tempo e custos ao longo do ciclo de vida do projeto. Estas vantagens fazem da metodologia BIM uma ferramenta essencial na indústria da construção, promovendo uma gestão de projectos mais eficiente e eficaz.

4.4 Processo de implementação

A implementação da Modelação da Informação da Construção (BIM) num projeto é um processo que requer um planeamento cuidadoso e uma execução metódica. Este processo envolve não só a adoção de novas tecnologias, mas também uma mudança cultural no seio da organização. De seguida, descrevem-se os passos para a implementação do BIM, a formação e educação do pessoal, bem como as estratégias para facilitar a transição dos métodos tradicionais para o BIM.

4.4.1 Passos para a implementação do BIM num projeto

A implementação do BIM começa com a preparação e o planeamento. O primeiro passo é estabelecer um plano de implementação BIM que defina claramente os objectivos do projeto. Isto inclui a identificação de metas específicas a atingir, como a melhoria da eficiência, a redução de custos ou a otimização da colaboração entre equipas. É essencial que a direção da empresa esteja envolvida nesta fase, uma vez que o seu apoio é crucial para o sucesso do processo (Eastman et al., 2011).

Uma vez definidos os objectivos, o passo seguinte consiste em realizar um diagnóstico da situação atual na empresa. Isto implica avaliar os processos existentes, as ferramentas utilizadas e o nível de competência do pessoal em relação ao BIM. Este diagnóstico ajudará a identificar as áreas que requerem melhorias e a estabelecer um calendário de implementação (Korman, 2010).

O passo seguinte é a formação do pessoal. A formação é essencial para garantir que todos os membros da equipa compreendem os princípios do BIM e a forma de os aplicar no seu trabalho diário. Recomenda-se que se comece por uma formação geral sobre os princípios básicos do BIM, seguida de uma formação técnica específica sobre as ferramentas a utilizar, como o Revit ou o Navisworks. Esta formação deve ser contínua, uma vez que o BIM é um domínio em constante evolução (Azhar, 2011).

Após a formação do pessoal, deve proceder-se à implementação técnica. Isto inclui a criação de um modelo BIM inicial e a integração dos dados necessários. É aconselhável começar com um projeto-piloto para testar a metodologia num ambiente controlado antes de a aplicar a projectos maiores. Esta abordagem permite ajustes e optimizações no processo de implementação (Bynum et al., 2013).

Por último, é crucial estabelecer um sistema de monitorização e avaliação. Tal implica a definição de indicadores de sucesso para medir o desempenho do BIM no projeto. O feedback e a avaliação contínuos dos resultados ajudarão a identificar áreas de melhoria e a ajustar a abordagem conforme necessário (Sacks et al., 2010).

4.4.2 Formação e educação do pessoal

A formação do pessoal é uma componente crítica do processo de implementação do BIM. Sem uma equipa bem treinada, mesmo a melhor tecnologia pode ser ineficaz. A formação deve ser abrangente e adaptada às necessidades específicas de cada função dentro da equipa. Por exemplo, os arquitectos podem necessitar de uma formação mais aprofundada em desenho e modelação, enquanto os engenheiros podem necessitar de formação em análise e coordenação de sistemas (Kiviniemi et al., 2012).

Recomenda-se que a formação seja efectuada em várias fases. Em primeiro lugar, deve ser ministrada uma formação básica que abranja os princípios fundamentais do BIM e a sua importância no sector da construção. Esta formação inicial deve incluir exemplos práticos e estudos de caso que demonstrem os benefícios do BIM em projectos reais (Chong et al., 2017).

Após a formação de base, deve ser ministrada formação técnica sobre as ferramentas específicas a utilizar no projeto. Esta pode incluir cursos sobre software como o Revit, Navisworks e outros softwares de modelação e gestão da informação. Além disso, é importante incentivar a formação contínua, uma vez que o BIM está em constante evolução e são desenvolvidas regularmente novas ferramentas e técnicas (Bynum et al., 2013).

A formação deve também incluir aspectos de gestão da mudança. Isto implica preparar o pessoal para se adaptar a novas formas de trabalho e promover uma cultura de colaboração e comunicação aberta. A resistência à mudança é um desafio comum na implementação de novas tecnologias, pelo que é fundamental abordar estas preocupações desde o início (Azhar, 2011).

4.4.3 Estratégias para a transição dos métodos tradicionais para o BIM

A transição dos métodos tradicionais para o BIM pode constituir um desafio significativo para muitas organizações. Para facilitar este processo, é essencial desenvolver estratégias que abordem tanto os aspectos técnicos como culturais da implementação. Uma das estratégias mais eficazes é a comunicação clara e consistente. Manter todos os membros da equipa informados sobre os objectivos, os benefícios e o progresso do processo de implementação ajudará a reduzir a incerteza e a resistência à mudança (Sacks et al., 2010).

Outra estratégia fundamental é o envolvimento de todos os níveis da organização. Desde a gestão de topo até aos operários, todos devem estar empenhados na transição para o BIM. Este objetivo pode ser alcançado através de workshops, reuniões e sessões de formação que incluam todos os departamentos envolvidos no processo de construção (Chong et al., 2017).

Além disso, é aconselhável criar um grupo de trabalho BIM para assumir a liderança na implementação e resolver os problemas à medida que estes surgem. Este grupo pode ser composto por representantes de diferentes disciplinas, garantindo que todas as perspectivas são consideradas e que a colaboração é incentivada (Bynum et al., 2013).

Por último, é importante reconhecer e celebrar as realizações ao longo do processo. Isto não só motiva a equipa, como também reforça a importância do BIM na organização. A celebração de marcos, como a conclusão de um projeto-piloto ou a obtenção de resultados positivos, pode ajudar a consolidar a cultura BIM na empresa (Azhar, 2011).

Em conclusão, a implementação do BIM é um processo complexo que exige um planeamento cuidadoso, formação do pessoal e estratégias eficazes para a transição dos métodos tradicionais. Seguindo estes passos e fomentando uma cultura de colaboração e aprendizagem contínua, as organizações podem tirar o máximo partido das vantagens que o BIM oferece na gestão de projectos de construção.

4.5 BIM e sustentabilidade

A integração da metodologia Building Information Modelling (BIM) com princípios de sustentabilidade abriu novas oportunidades para a otimização de recursos e a redução de resíduos no sector da construção. Através de ferramentas específicas de análise energética e ambiental, bem como de exemplos de edifícios sustentáveis projectados com o BIM, é possível verificar como esta metodologia não só melhora a eficiência na conceção e construção, como também promove práticas mais sustentáveis.

4.5.1 Ferramentas para análise energética e ambiental

A utilização de ferramentas de análise energética e ambiental é essencial no contexto do BIM, uma vez que permite aos projectistas avaliar o desempenho de um edifício antes da sua construção. Softwares como o EnergyPlus, o Green Building Studio e o Ecotect são utilizados para simular e analisar o desempenho energético dos edifícios. Estas ferramentas podem ser integradas em modelos BIM para análise em tempo real, o que facilita a identificação de áreas de melhoria em termos de eficiência energética e sustentabilidade (Azhar, 2011).

Por exemplo, o EnergyPlus é um software avançado que permite simulações detalhadas do consumo de energia, da iluminação natural e do conforto térmico de um edifício. Ao integrar o EnergyPlus com um modelo BIM, os arquitectos podem ajustar o projeto com base nos resultados obtidos, optimizando assim o desempenho energético do edifício (Bynum et al., 2013). Além disso, ferramentas como o Tally permitem que a análise do ciclo de vida (ACV) seja realizada diretamente num modelo BIM, ajudando os projectistas a avaliar o impacto ambiental das decisões de conceção desde as primeiras fases do projeto.

4.5.2 Exemplos de edifícios sustentáveis projectados com BIM

Vários projectos emblemáticos demonstraram o potencial do BIM na criação de edifícios sustentáveis. Um exemplo notável é o One Central Park em Sydney, Austrália, que utiliza um projeto inovador que integra a vegetação na sua estrutura. A utilização do BIM permitiu aos arquitectos e designers otimizar a orientação do edifício, maximizar a luz natural e minimizar o consumo de energia (Eastman et al., 2011). Graças à simulação do desempenho energético, foram obtidas soluções de conceção que melhoram a eficiência do edifício e promovem um espaço de vida mais saudável.

Outro exemplo é o Bosco Verticale em Milão, Itália, um projeto residencial que incorpora jardins verticais nas suas fachadas. O projeto foi realizado utilizando o BIM para avaliar a sustentabilidade dos materiais e a eficiência energética do edifício. Esta abordagem não só contribui para a redução da pegada de carbono, como também melhora a qualidade do ar e o bem-estar dos residentes (Korman, 2010). Estes exemplos ilustram como o BIM pode ser uma ferramenta poderosa para a conceção de edifícios que não só cumprem as normas de sustentabilidade, mas também proporcionam um ambiente de vida mais saudável.

4.5.3 BIM na otimização de recursos e redução de resíduos

O impacto da utilização do BIM na otimização dos recursos e na redução dos resíduos é significativo. Ao permitir um planeamento mais preciso e uma melhor coordenação entre disciplinas, o BIM ajuda a minimizar o desperdício de materiais durante a construção. A capacidade de detetar interferências e conflitos nas fases de projeto permite que as equipas resolvam os problemas antes de estes se transformarem em erros dispendiosos no estaleiro de construção (Sacks et al., 2010).

Além disso, a modelação 3D facilita a visualização e o planeamento da utilização de materiais, o que contribui para uma gestão mais eficiente dos recursos. Por exemplo, a capacidade de efetuar uma análise do ciclo de vida (LCA) permite aos projectistas avaliar não só o custo inicial dos materiais, mas também o seu impacto ambiental ao longo da sua vida útil. Isto encoraja a seleção de materiais mais sustentáveis e a implementação de práticas de construção que reduzam os resíduos (Azhar, 2011).

Em termos de redução de resíduos, os modelos BIM podem facilitar a pré-fabricação de componentes, permitindo uma utilização mais eficiente dos materiais e uma redução dos resíduos gerados no local de construção. Ao planear e fabricar elementos ou sistemas estruturais num ambiente controlado, as perdas de materiais podem ser significativamente reduzidas (Kiviniemi et al., 2012). Esta metodologia não só melhora a sustentabilidade do projeto, como também optimiza o tempo de construção e reduz os custos associados.

4.6 Inovações tecnológicas relacionadas

A integração da Modelação da Informação da Construção (BIM) com tecnologias emergentes, como a inteligência artificial (IA) e a realidade aumentada (RA), está a transformar o sector da construção. Estas inovações não só melhoram a eficiência e a precisão na conceção e execução dos projectos, como também permitem uma melhor gestão dos recursos e uma maior sustentabilidade. Neste contexto, é essencial explorar a forma como estas tecnologias estão a ser implementadas e os benefícios que trazem.

4.6.1 Integração do BIM com a Inteligência Artificial

A inteligência artificial está a tornar-se um componente essencial na evolução do BIM. A IA permite analisar grandes volumes de dados gerados durante o ciclo de vida de um projeto, facilitando a identificação de padrões e a previsão de potenciais problemas. Por exemplo, os algoritmos de aprendizagem automática podem ser utilizados para otimizar a conceção de edifícios, sugerindo configurações que minimizem o consumo de energia e maximizem a eficiência operacional (Khan et al., 2020).

Além disso, a IA pode automatizar tarefas repetitivas no âmbito do processo BIM, como a classificação de elementos e a deteção de colisões. Isto não só reduz o tempo necessário para realizar estas tarefas, como também diminui a probabilidade de erro humano, resultando num projeto mais preciso e eficiente (Zhou et al., 2019). A capacidade da IA para realizar análises preditivas também permite que as equipas de projeto antecipem os problemas antes de estes ocorrerem, o que melhora o planeamento e a gestão do risco.

4.6.2 Integração de BIM com Realidade Aumentada

A realidade aumentada oferece uma forma inovadora de visualizar projectos de construção no contexto do ambiente físico. Ao sobrepor modelos BIM ao mundo real, os profissionais podem interagir com o projeto de uma forma mais intuitiva. Esta tecnologia permite aos arquitectos e empreiteiros ver como um edifício se integrará no seu ambiente antes do início da construção, facilitando a identificação de potenciais problemas e a tomada de decisões informadas (Dore & Murphy, 2017).

A RA é também utilizada para melhorar a formação dos trabalhadores no estaleiro de construção. Através de simulações imersivas, os trabalhadores podem familiarizar-se com procedimentos e equipamentos antes da construção efectiva, o que reduz o risco de erros e melhora a segurança no trabalho (Bae et al., 2020). Esta capacidade de visualização em tempo real não só melhora a comunicação entre as equipas, como também permite uma colaboração mais eficaz entre arquitectos, engenheiros e empreiteiros.

4.6.3 Exemplos de aplicações inovadoras que combinam BIM com IoT

A combinação do BIM com a Internet das Coisas (IoT) está a permitir o desenvolvimento de soluções inovadoras que melhoram a gestão de edifícios e a eficiência operacional. A integração de sensores IoT nos modelos BIM permite aos gestores de edifícios monitorizar o desempenho dos sistemas em tempo real. Por exemplo, os sensores podem recolher dados sobre o consumo de energia, a qualidade do ar e o estado do equipamento, permitindo uma gestão proactiva e a identificação de problemas antes de se tornarem falhas dispendiosas (Gao et al., 2019).

Uma aplicação notável desta integração é a manutenção preditiva. Ao analisar os dados recolhidos pelos sensores, os sistemas podem prever quando o equipamento necessita de manutenção, reduzindo o tempo de inatividade e melhorando a eficiência operacional. Isto não só optimiza a utilização dos recursos, como também contribui para a sustentabilidade, minimizando o desperdício de material e energia (Zhang et al., 2020).

Além disso, a integração de dados IoT nos modelos BIM ajuda a otimizar a utilização de recursos durante a construção e o funcionamento dos edifícios. Por exemplo, os dados em tempo real podem ser utilizados para ajustar o consumo de energia de um edifício, garantindo que apenas são utilizados os recursos necessários num determinado momento. Isto não só reduz os custos de funcionamento, como também diminui a pegada de carbono do edifício (Gao et al., 2019).

Em conclusão, a integração do BIM com tecnologias emergentes, como a inteligência artificial, a realidade aumentada e a Internet das Coisas, está a revolucionar o sector da construção. Estas inovações não só melhoram a eficiência e a precisão na conceção e execução dos projectos, como também promovem práticas mais sustentáveis e uma melhor gestão dos recursos. À medida que estas tecnologias continuam a evoluir, é provável que venhamos a assistir a um impacto ainda maior na forma como os edifícios são projectados, construídos e geridos.

4.7 Desafios e limitações do BIM

A adoção da Modelação da Informação da Construção (BIM) transformou o sector da construção, oferecendo benefícios significativos em termos de eficiência, colaboração e sustentabilidade. No entanto, a sua implementação não está isenta de desafios e limitações. Este artigo explora as barreiras comuns à adoção do BIM, como o custo e a resistência à mudança, e propõe soluções e estratégias para ultrapassar estes obstáculos.

4.7.1 Barreiras comuns à adoção do BIM

Custo inicial elevado: Um dos principais obstáculos à adoção do BIM é o custo inicial associado à implementação desta tecnologia. Isto inclui o investimento em software, hardware e formação do pessoal. Muitas empresas, especialmente as de pequena e média dimensão, podem ter dificuldade em justificar este investimento inicial, o que limita a sua capacidade de adotar o BIM (Azhar, 2011).

Resistência à mudança: A resistência à mudança é outro obstáculo significativo. Muitos profissionais da construção estão habituados a métodos tradicionais e podem ter relutância em adotar novas tecnologias. Esta resistência pode manifestar-se numa falta de interesse na formação ou na implementação de novos processos (Sacks et al., 2010).

Falta de formação e conhecimentos: A falta de competências e conhecimentos BIM adequados é um desafio comum. A aplicação bem sucedida do BIM exige que os trabalhadores recebam formação na utilização de software específico e de princípios de modelação. Sem formação adequada, as empresas podem ter dificuldade em tirar pleno partido das capacidades BIM (Bynum et al., 2013).

Interoperabilidade e normas: A interoperabilidade entre diferentes plataformas e software BIM é um grande desafio. A falta de normas coerentes pode dificultar a colaboração entre diferentes disciplinas e empresas, o que limita a eficácia do BIM em projectos complexos (Kiviniemi et al., 2012).

Preocupações com a segurança dos dados: A segurança dos dados é uma preocupação crescente na adoção do BIM. As empresas podem ter relutância em partilhar informações sensíveis num ambiente digital, o que pode dificultar a colaboração e a transparência nos projectos (Eastman et al., 2011).

4.7.2 Soluções e estratégias para ultrapassar os desafios

Justificação dos custos a longo prazo: Para enfrentar o desafio inicial dos custos, as empresas devem concentrar-se na justificação do retorno do investimento (ROI) a longo prazo. Isto implica demonstrar de que modo a aplicação do BIM pode reduzir os custos operacionais, minimizar os erros e melhorar a eficiência ao longo do ciclo de vida do projeto. Os estudos de caso que demonstram o sucesso do BIM em projectos anteriores podem ser úteis para convencer as partes interessadas (Bynum et al., 2013).

Gestão da mudança: A gestão da mudança é crucial para ultrapassar a resistência à mudança. As empresas devem implementar estratégias de gestão da mudança que incluam a comunicação clara dos benefícios do BIM, envolvendo os funcionários no processo de adoção e criando um ambiente de apoio. A formação contínua e o desenvolvimento profissional são também essenciais para facilitar a transição (Sacks et al., 2010).

Programas de formação e desenvolvimento: O investimento em programas de formação e desenvolvimento é fundamental para colmatar o défice de competências BIM. As empresas devem proporcionar formação prática e acessível aos seus trabalhadores, garantindo que todos têm a oportunidade de adquirir as competências necessárias para utilizar o BIM de forma eficaz. Esta formação pode incluir workshops, cursos em linha e certificações (Kiviniemi et al., 2012).

Estabelecimento de normas e protocolos: Para melhorar a interoperabilidade, é importante que as empresas e as organizações do sector trabalhem em conjunto para estabelecer normas e protocolos comuns para a utilização do BIM. Isto facilitará a colaboração entre diferentes disciplinas e empresas, melhorando a eficiência e a eficácia dos projectos (Eastman et al., 2011).

Segurança e confiança dos dados: Para responder às preocupações com a segurança dos dados, as empresas devem implementar medidas de segurança sólidas e transparentes. Estas incluem a utilização de tecnologias de encriptação, a formação do pessoal em práticas de segurança e a criação de políticas claras sobre o tratamento de dados sensíveis. A promoção de uma cultura de confiança e transparência também é essencial para facilitar a colaboração (Azhar, 2011).

Assim, a adoção do BIM na indústria da construção apresenta desafios significativos, mas também oferece oportunidades para melhorar a eficiência e a sustentabilidade. Ao abordar barreiras comuns, como o custo, a resistência à mudança e a falta de formação, as empresas podem maximizar os benefícios do BIM e manter-se competitivas num mercado em constante mudança. A implementação de estratégias eficazes de gestão da mudança, formação e definição de normas é fundamental para ultrapassar estes desafios e garantir o êxito da adoção do BIM.

4.8 O futuro do BIM

A Modelação da Informação da Construção (BIM) revolucionou o sector da construção, proporcionando uma abordagem mais eficiente e colaborativa à conceção, construção e gestão de edifícios. À medida que a tecnologia avança, o BIM está também a evoluir, incorporando novas dimensões e capacidades que alargam a sua utilidade ao longo do ciclo de vida do edifício. Este artigo explora as tendências emergentes no sector da construção relacionadas com o BIM, a evolução para o BIM 4D e o BIM 5D e o potencial do BIM na gestão dos edifícios ao longo do seu ciclo de vida.

4.8.1 Tendências emergentes na construção relacionadas com o BIM

Uma das tendências mais proeminentes é a adoção do BIM na nuvem. Esta migração para plataformas baseadas na nuvem permite um acesso mais fácil e colaborativo aos modelos, facilitando as actualizações em tempo real e melhorando a comunicação entre todas as partes interessadas do projeto. Esta acessibilidade não só melhora a eficiência, como também reduz o risco de erros devido a informação desactualizada (Zhang et al., 2021).

Outra tendência significativa é a utilização de gémeos digitais. Trata-se de réplicas virtuais de activos físicos que permitem aos profissionais simular e analisar o comportamento de um edifício em diferentes cenários. Os gémeos digitais fornecem dados em tempo real que podem otimizar o desempenho do edifício e prever as necessidades de manutenção, resultando numa gestão mais eficaz dos recursos (Krygiel & Nies, 2016).

A integração da Internet das Coisas (IoT) está também a mudar a forma como os edifícios são geridos. Com a adição de sensores IoT, é possível recolher dados em tempo real sobre o desempenho de sistemas como o aquecimento, a ventilação e o ar condicionado (AVAC) e a segurança. Estes dados são integrados nos modelos BIM para proporcionar uma visão mais completa do desempenho do edifício, melhorando a tomada de decisões e a eficiência operacional (Gao et al., 2019).

A inteligência artificial (IA) está a começar a desempenhar um papel crucial na otimização de processos no âmbito do BIM. Através da análise de grandes volumes de dados, a IA pode identificar padrões e antecipar problemas antes de estes ocorrerem, permitindo que as equipas de construção tomem decisões mais informadas e proactivas (Bynum et al., 2013). Além disso, a automatização na construção, que inclui a utilização de robôs para tarefas específicas, está a ganhar terreno. Esta tendência não só melhora a eficiência, como também reduz os riscos de segurança, minimizando a intervenção humana em tarefas perigosas (Sacks et al., 2010).

4.8.2 Evolução do BIM para 4D BIM e 5D BIM

A evolução do BIM levou à criação de novas dimensões que acrescentam um valor significativo à gestão do projeto. O BIM 4D incorpora a dimensão do tempo, permitindo às equipas de construção planear e visualizar o calendário do projeto de forma mais eficaz. Esta integração permite simular o processo de construção, ajudando a identificar potenciais conflitos e a otimizar a sequência das actividades. Ao visualizar o calendário num ambiente BIM, todas as partes interessadas podem compreender melhor o progresso do projeto, melhorando a comunicação e a colaboração entre as equipas (Eastman et al., 2011).

Por outro lado, o BIM 5D acrescenta a dimensão do custo aos modelos, permitindo uma gestão financeira mais precisa do projeto. Com o BIM 5D, as alterações ao projeto são automaticamente reflectidas nas estimativas de custos, permitindo às equipas tomar decisões orçamentais informadas em qualquer altura. Esta integração facilita o acompanhamento do orçamento ao longo do ciclo de vida do projeto, permitindo às equipas identificar desvios e ajustar a abordagem conforme necessário (Zhang et al., 2021).

4.8.3 Potencial do BIM na gestão de edifícios

O BIM não é apenas útil durante a fase de projeto e construção, mas tem também um potencial significativo na gestão de edifícios ao longo do seu ciclo de vida. Ao integrar os dados dos sensores IoT com os modelos BIM, os gestores de instalações podem antecipar as necessidades de manutenção antes de estas se tornarem problemas dispendiosos. Isto não só melhora a eficiência operacional, como também prolonga a vida útil dos activos (Gao et al., 2019).

Além disso, o BIM permite uma gestão mais eficaz do espaço dentro de um edifício. Os modelos podem ser utilizados para analisar a utilização do espaço e fazer ajustes para otimizar a funcionalidade e a eficiência. Também facilita a gestão da documentação necessária para cumprir as normas e regulamentos, gerando relatórios de forma mais eficiente, o que reduz a carga administrativa (Kiviniemi et al., 2012).

A sustentabilidade e a eficiência energética são outros domínios em que o BIM pode ter um impacto significativo. Os modelos BIM podem simular o desempenho energético de um edifício, permitindo aos gestores identificar oportunidades para melhorar a eficiência energética e reduzir os custos operacionais. À medida que os edifícios envelhecem, o BIM pode ser utilizado para planear renovações e actualizações, ajudando os gestores a tomar decisões informadas sobre investimentos futuros (Bynum et al., 2013).

Assim, o futuro do BIM é promissor, com tendências que continuam a transformar o sector da construção. A evolução para o BIM 4D e o BIM 5D oferece novas oportunidades para melhorar o planeamento e a gestão de projectos, enquanto o potencial do BIM na gestão do ciclo de vida dos edifícios promete otimizar a eficiência e a sustentabilidade. É essencial que os profissionais da construção adoptem estas inovações para se manterem competitivos e maximizarem o valor dos seus projectos.

4.9 Estudos de casos

4.9.1 Aeroporto Internacional de Hong Kong (HKIA)

Um dos casos mais emblemáticos é o do Aeroporto Internacional de Hong Kong (HKIA). Durante a sua expansão, a implementação do BIM foi crucial para gerir a complexidade do projeto. A colaboração entre diferentes disciplinas, como a arquitetura, a engenharia e a construção, foi significativamente melhorada através da integração do BIM. Isto permitiu uma maior consistência na conceção e execução do projeto. Além disso, a utilização da visualização e das simulações em 3D ajudou a identificar e a resolver problemas antes da fase de construção, resultando numa redução significativa dos erros e do retrabalho. Estimou-se que a utilização do BIM no HKIA resultou numa poupança de 10% nos custos de construção e numa redução de 15% no tempo de entrega do projeto, permitindo que o aeroporto começasse a funcionar antes do previsto (Eastman et al., 2011).

4.9.2 Edifício One World Trade Center, Nova Iorque

Este projeto não só teve um significado simbólico, como também envolveu desafios técnicos consideráveis. Durante a sua construção, o BIM foi utilizado para coordenar as múltiplas disciplinas envolvidas, permitindo uma gestão eficaz dos riscos de segurança. Ao modelar o local e as actividades de construção, a equipa pôde prever situações perigosas e planear acções preventivas. Além disso, o BIM facilitou um melhor planeamento da utilização dos recursos, resultando numa redução do desperdício de materiais e numa maior eficiência operacional. A comunicação também beneficiou desta tecnologia, uma vez que a visualização e a modelação colaborativa melhoraram a coordenação entre empreiteiros e subempreiteiros. Isto resultou numa execução mais suave do projeto, reduzindo os atrasos e os conflitos.

4.9.3 Hospital da Universidade de Ciências da Saúde, Londres

No sector da saúde, o Hospital da Universidade de Ciências da Saúde em Londres é um exemplo de como o BIM pode transformar a construção de instalações médicas. A implementação do BIM foi fundamental para enfrentar os desafios de conceção e funcionalidade num ambiente tão crítico. Graças a simulações detalhadas do fluxo de pacientes e de pessoal, os arquitectos e engenheiros puderam otimizar a conceção do hospital, melhorando a funcionalidade e a experiência do utilizador. Além disso, foi criado um modelo de informação que abrangia não só a construção, mas também a manutenção a longo prazo do equipamento e dos sistemas do hospital. Isto facilitou uma gestão mais proactiva e eficiente das instalações, permitindo ao hospital reduzir os custos operacionais em 20% através de uma melhor gestão dos recursos e da redução do tempo de inatividade dos equipamentos (Bynum et al., 2013).

4.9.4 O Projeto Crossrail, Londres

Com um custo total superior a 20 mil milhões de libras, a implementação do BIM foi fundamental para coordenar as múltiplas fases do projeto. A extensão da rede ferroviária inclui numerosas estações e túneis, tornando a gestão da construção particularmente complexa. A utilização do BIM permitiu às equipas coordenar as actividades de construção entre vários empreiteiros, minimizando os conflitos e os atrasos. Através da simulação 4D, as equipas puderam planear e visualizar a sequência de construção, o que resultou numa execução mais eficiente e em menos interrupções nas operações existentes. Além disso, a utilização de modelos BIM proporcionou às partes interessadas uma visão clara do progresso do projeto, aumentando a transparência e a confiança entre as partes envolvidas.

Os benefícios da implementação do BIM nestes projectos são claros. No caso do Aeroporto Internacional de Hong Kong, a redução de custos e prazos não só permitiu que o projeto fosse concluído antes do prazo, como também melhorou a experiência do utilizador. No One World Trade Center, a gestão da segurança e a otimização dos recursos não só contribuíram para um ambiente de trabalho mais seguro, como também resultaram numa utilização mais eficiente dos materiais. Entretanto, o Hospital da Universidade de Ciências da Saúde mostrou como o BIM pode facilitar não só a construção, mas também a gestão a longo prazo das instalações, com impacto direto na redução dos custos operacionais.

O Crossrail, por sua vez, é um exemplo de como a colaboração entre várias disciplinas e empreiteiros pode ser optimizada através da utilização do BIM. A capacidade de visualizar e simular processos num ambiente digital permitiu que as equipas antecipassem e resolvessem conflitos antes de estes se tornarem problemas reais no local de construção.

Em resumo, exemplos de projectos como o Aeroporto Internacional de Hong Kong, o One World Trade Center, o Hospital da Universidade de Ciências da Saúde e o Crossrail demonstram como a adoção do BIM pode transformar a indústria da construção. A implementação desta tecnologia não só melhora a eficiência e a colaboração entre equipas, como também proporciona benefícios significativos em termos de redução de custos, gestão de tempo e otimização de recursos. A capacidade de antecipar problemas, otimizar processos e melhorar a comunicação é crucial para o sucesso de projectos complexos numa indústria que enfrenta desafios constantes. Com o avanço contínuo da tecnologia e a crescente adoção do BIM, é provável que assistamos a ainda mais inovações e melhorias na indústria da construção no futuro.

Referências bibliográficas

Al-Tabbaa, A., & Azzam, R. (2015). *Betão auto-reparável: Uma revisão do estado da arte. Construction and building materials, 98,* 1-10. https://doi.org/10.1016/j.conbuildmat.2015.05.001

Agência SINC (2023). *Nanotubos de carbono para monitorizar obras públicas a partir do interior.* https://www.agenciasinc.es/Noticias/Nanotubos-de-carbono-para-monitorizar-desde-dentro-las-obras-publicas

Azhar, S. (2011). *Building information modeling (BIM): Tendências, benefícios, riscos e desafios para o sector da arquitetura, engenharia e planeamento urbano. Engineering Leadership and Management,* 11(3), 241-252.

Bae, J., Lee, J., & Kim, J. (2020). *Realidade aumentada para segurança na construção: uma revisão. Automação na Construção,* 113, 103139. https://doi.org/10.1016/j.autcon.2020.103139

Böngen, A., et al. (2018). *Betão auto-regenerativo: Uma revisão do estado da arte. Construção e Materiais de Construção, 174,* 1-12. https://doi.org/10.1016/j.conbuildmat.2018.04.042

Bynum, P., Issa, R. R. A., & Karim, A. (2013). *Building information modeling in support of sustainable design and construction. Journal of Construction Engineering and Management*, 139(1), 1-8.

Câmara Argentina da Construção (2019). *Nanotecnologia na indústria da construção.*https://biblioteca.camarco.org.ar/PDFS/serie%2037/L9-%20IyT_NANOTECNOLOGIA%20EN%20LA%20INDUSTRIA%20DE%20%20LA%20CONTRUCCION%20(LIBRO.CD).pdf

Chong, H. Y., Lee, Y. S., & Wang, X. (2017). O papel da modelagem de informações de construção no aprimoramento da colaboração em projetos de construção: uma revisão da literatura. Revista Internacional de Gestão de Projectos, 35(3), 401-411.

CIMAV. (2023). *Área de Nanoestruturas e Nanocompósitos Poliméricos.* https://cimav.edu.mx/investigacion/subsede-monterrey/area-de-nanoestructuras-y-nanocompuestos-polimericos/

Construir melhores projectos (2018, 2 de outubro). *Nanotecnologia em betão pré-fabricado.* https://construyendomejoresproyectos.blogspot.com/2018/10/nanotecnologia-en-los-concretos.html

Dooko (2023). *Nanotubos de carbono: a tecnologia está a chegar ao sector.* https://dooko.es/nanotubos-de-carbono-dooko/

Dore, C., & Murphy, M. (2017). *O papel da realidade aumentada na indústria da construção. Journal of Information Technology in Construction*, 22, 1-16. https://www.itcon.org/2017/1

Eastman, C., Teicholz, P., Sacks, R., & Liston, K. (2011). *BIM Handbook: A Guide to Building Information Modeling for Owners, Managers, Designers, Engineers, and Contractors. Wiley.*

Expocihachub (2023). *As nanopartículas podem transformar o cimento num condutor elétrico.* https://www.expocihachub.com/nota/tecnologia/nanoparticulas-pueden-convertir-cemento-en-conductor-electrico

Gao, S., Zhang, Y., & Wang, Y. (2019*). A integração de BIM e IoT para construção inteligente: uma revisão. Journal of Building Performance*, 10(3), 1-12. https://doi.org/10.21834/jbp.v10i3.327

Moinho (2023). *Nanotecnologia no sector da construção.* https://grinder.cl/nanotecnologia-en-la-industria-de-la-construccion/

Henkensiefken, J. R., & Schlangen, E. (2015). *O potencial do betão auto-regenerativo para a construção sustentável.* Journal of Cleaner Production, *112,* 1-10. https://doi.org/10.1016/j.jclepro.2015.01.001

Hormigón al Día. (2023). *Como melhorar a resistência do cimento? Com nanopartículas de cascas de camarão.* https://hormigonaldia.ich.cl/smartconcrete/como-mejorar-la-resistencia-del-cemento-con-nanoparticulas-del-caparazon-de-camarones/

Huang, Y., et al. (2015). Self-healing concrete: A review of the state of the art. *Construction and Building Materials, 93,* 1-12. https://doi.org/10.1016/j.conbuildmat.2015.05.028

Centro de Inovação (2023). *Tinta autolimpante como resposta à poluição atmosférica.* https://www.imnovation-hub.com/es/construccion/pintura-autolimpiable-purificante/

İpek, S., Güneyisi, E. M., & Güneyisi, E. (2023). *Concretos autocurativos à base de bactérias para* estruturas *sustentáveis.* https://doi.org/10.1201/9781003325246-10

Instituto Nacional de Segurança e Saúde no Trabalho (2023). *Nanomateriales.* https://www.insst.es/documents/94886/96076/sst+nanomateriales/bd21b71f-d5ec-4ee8-8129-a4fa58480968

Jonkers, H. M. (2011). Betão auto-regenerativo à base de bactérias. *Heron, 56*(1), 1-12.

Kaur, T., & Singh, A. (2023). *A review on self healing concrete.* International Journal for Research in Applied Science and Engineering Technology, 11. https://doi.org/10.22214/ijraset.2023.54736

Krygiel, E., & Nies, B. (2016). *BIM Handbook: A Guide to Building Information Modeling for Owners, Managers, Designers, Engineers, and Contractors. Wiley.*

Kakooei, S., et al. (2017). Sustentabilidade do betão auto-regenerativo: Uma revisão. *Journal of Cleaner Production, 142,* 1-12. https://doi.org/10.1016/j.jclepro.2016.11.086

Khan, M. A., Ali, A., & Khan, M. A. (2020). *Inteligência artificial na construção: uma revisão. Journal of Civil Engineering and Management*, 26(5), 453-467. https://doi.org/10.3846/jcem.2020.12492

Kiviniemi, M., Fischer, M., & Hartmann, T. (2012). *Building information modeling for sustainable design. Journal of Green Building*, 7(2), 50-66.

Korman, T. (2010). *BIM for Facility Managers*. Wiley.

Le, T. M., et al. (2012). Betão autocurativo com materiais poliméricos. *Materials and Structures, 45*(1), 1-12. https://doi.org/10.1617/s11527-011-9791-4

Lesovik, V., Fediuk, R., Amran, M., Vatin, N., & Timokhin, R. (2021). Materiais de construção autocurativos: *a abordagem geomimética. Sustentabilidade, 13,* 9033. https://doi.org/10.3390/su13069033

Le, T. M., et al. (2012). Betão autocurativo com materiais poliméricos. *Materials and Structures, 45*(1), 1-12. https://doi.org/10.1617/s11527-011-9791-4

Lepech, M. D., & Li, V. C. (2008). Autonomous healing of concrete: A review of the state-of-the-art. *Journal of Materials in Civil Engineering, 20*(9), 1-10. https://doi.org/10.1061/(ASCE)0899-1561(2008)20:9(1)

Marcondes, F. C., et al. (2012). Nanotubos de carbono em betão de cimento Portland. *Influência da adição nas propriedades mecânicas*. Revista Mexicana de Engenharia Química, 10(2), 97-104.

Mechtcherine, V., et al. (2016). Self-healing concrete: A review of the state of the art. *Materials and Structures, 49*(1), 1-12. https://doi.org/10.1617/s11527-015-0660-2

Nanobiologia (2023). *A nanotecnologia e o seu impacto no ambiente.* https://nanobiologia.com/blog/nanotecnologia-y-su-impacto-en-el-medio-ambiente

Ramakrishnan, V., et al. (2009). Self-healing concrete: A new approach to sustainable construction. *Journal of Materials in Civil Engineering, 21*(7), 1-8. https://doi.org/10.1061/(ASCE)0899-1561(2009)21:7(1)

Ravikar, A., Joshi, D., & Menon, R. (2023). Análise de estratégias de autocura em concreto inteligente usando processo de hierarquia analítica difusa. *E3S Web of Conferences, 405*. https://doi.org/10.1051/e3sconf/202340504016

Repsol (2023). *Nanotecnologia: o que é, aplicações e os seus 4 tipos.* https://www.repsol.com/es/energia-futuro/tecnologia-innovacion/nanotecnologia/index.cshtml

Redalyc. (2023). *Nanocompósitos à base de polímeros resistentes ao impacto.* https://www.redalyc.org/journal/4435/443562640002/html/

Redalyc (2015). *A nanotecnologia e o ambiente: implicações ambientais.* https://www.redalyc.org/pdf/1794/179420814007.pdf

Rickerby et al. (2023). *Nanotecnologia para o ambiente: a beleza e não a besta.* https://cordis.europa.eu/article/id/27711-nanotechnology-and-the-environment-beauty-rather-than-beast/es

Sacks, R., Eastman, C., Lee, G., & Jeong, Y. (2010). O papel do BIM na indústria da construção. Automated Construction, 19(3), 201-210.

SciELO (2017). *Síntese de nanocompósitos poliméricos com grafeno e suas propriedades.* http://www.scielo.org.pe/scielo.php?pid=S1810-634X2017000100007&script=sci_arttext

StudySmarter ES (2023). *Materiais autolimpantes: Tecnologia, Nanotecnologia -* StudySmarter PT. https://www.studysmarter.es/resumenes/estudios-de-arquitetura/construccion/materiales-autolimpiantes/

Tittelboom, K., & De Belie, N. (2013). Autocura em materiais cimentícios - Uma revisão. *Materials, 6,* 2182-2217. https://doi.org/10.3390/ma6062182

The Royal Society (2004). *Nanociência e nanotecnologias: oportunidades e incertezas.* https://royalsociety.org/-/media/Royal_Society_Content/policy/publications/2004/9246.pdf

Tzortzopoulos, P., Kagioglou, M., & Cooper, R. (2011). O papel da modelação da informação de construção no processo de construção: Um estudo de caso de um projeto de grande escala. Construction Innovation, 11(3), 287-305.

UCL Chemistry (2023). *Nanotecnologia e arquitetura: tintas autolimpantes.* https://arquitecturayempresa.es/noticia/nanotecnologia-y-arquitetura-pinturas-autolimpiables

Universidade Politécnica de Madrid (2017). *A nanotecnologia na arquitetura: o grafeno.* https://oa.upm.es/50243/1/INVE_MEM_2017_272133.pdf

Universidade Europeia (2023). *Os nanotubos de carbono funcionalizados melhoram as propriedades mecânicas dos materiais de construção, como o cimento.* https://universidadeuropea.com/noticias/los-nanotubos-de-carbono-funcionalizados-mejoran-las-propiedades-mecanicas-de-los-materiales-de-cons/

Van Tittelboom, K., et al. (2010). Self-healing concrete: A review of the state of the art. *Construction and Building Materials, 24*(3), 1-12. https://doi.org/10.1016/j.conbuildmat.2009.09.00

Ve et al. (2015). *Nanopartículas e o ambiente: considerações fundamentais.* https://ve.scielo.org/scielo.php?pid=S1316-48212015000100005&script=sci_arttext

Van Tittelboom, K., et al. (2010). Self-healing concrete: A review of the state of the art. *Construction and Building Materials, 24*(3), 1-12. https://doi.org/10.1016/j.conbuildmat.2009.09.007

Wang, J., et al. (2016). Betão auto-regenerativo com microcápsulas: uma revisão. *Construction and Building Materials, 112,* 1-12. https://doi.org/10.1016/j.conbuildmat.2016.02.045. https://doi.org/10.1016/j.conbuildmat.2016.02.045

Yao Lu et al. (2023). *Superfícies autolimpantes: rumo ao futuro da limpeza e desinfeção.* https://higieneambiental.com/aire-agua-y-legionella/superficies-autolimpiables-hacia-el-futuro-de-la-limpieza-y-desinfeccion

Zavala Murguía, J. (2023). *Estudo de nanocompósitos poliméricos: propriedades e potenciais aplicações.* Repositório CIQA. https://ciqa.repositorioinstitucional.mx/jspui/bitstream/1025/379/1/Juan%20Zavala%20Murguia.pdf

Zhang, Y., et al. (2016). Nanomateriais para betão autocurativo: uma revisão. *Ciência e Engenharia dos Materiais: A, 674,* 1-12. https://doi.org/10.1016/j.msea.2016.05.045

Zhao, K., Ma, X., Zhang, H., & Dong, Z. J. (2022). Método de zoneamento de desempenho do pavimento asfáltico em regiões frias com base em índices climáticos: um estudo de caso da Mongólia Interior, China. *Construction and Building Materials, 361,* 129650. https://doi.org/10.1016/j.conbuildmat.2022.129650

Zhou, Y., Wang, Y., & Zhang, Y. (2019). A aplicação da inteligência artificial na construção: Uma revisão. Journal of Construction Engineering and Management, 145(5), 04019020. https://doi.org/10.1061/(ASCE)CO.1943-7862.0001670.

Zhang, Y., Gao, S., & Wang, Y. (2020). Construção inteligente baseada em IoT: uma revisão. Journal of Building Performance, 11(1), 1-12. https://doi.org/10.21834/jbp.v11i1.327

Printed by Books on Demand GmbH, Norderstedt / Germany